Verlag Podszun-Motorbücher GmbH
Elisabethstraße 23-25, D-59929 Brilon
eMail: info@podszun-verlag.de
Internet: www.podszun-verlag.de
Herstellung Druckhaus Cramer, Greven
ISBN 3-86133-363-5

Coverabbildungen: Ulf Böhringer (oben rechts), Jürgen Nöll (oben links), Thomas Reinwald (unten), Ulf Böhringer (Rückseite)

Jahrbuch 2005 Motorräder

PODSZUN

Liebe Leserin, lieber Leser!

Wir freuen uns sehr, Ihnen mit der inzwischen achten Ausgabe des Jahrbuchs Motorräder wieder eine bunte Mischung unterschiedlicher Themen rund um das Hobby Motorrad anbieten zu können. Dank gilt allen Autoren und Bildgebern, die in den letzten Monaten engagiert gearbeitet haben, damit dieses Jahrbuch rechtzeitig zur Frankfurter Buchmesse erscheinen kann. Ein technischer Hinweis: Abbildungen, die nicht von den Autoren stammen, sind jeweils mit dem Namen des Bildgebers gekennzeichnet.

Damit die Autoren nicht nur als pure Namen erscheinen, hier das Wichtigste in aller Kürze. Manfred Nabinger ist freier Journalist und schreibt unter anderem für die Zeitschrift „Oldtimer-Markt". Auch als Buchautor zum Thema Motorräder hat sich Manfred Nabinger einen Namen gemacht. In unserem Verlag sind mehrere Bücher von ihm erschienen (siehe Seite 143). Ulf Böhringer betreibt ein Redaktionsbüro und versorgt mehrere Publikationen, unter anderem die „Süddeutsche Zeitung", mit Berichten und Tests über Motorräder. Thomas Reinwald ist freier Autor und hat bereits einige Bücher über Motorrad-Historie verfasst (siehe Seite 143). Jürgen Nöll, Mitglied des Vorstandes des renommierten Veteranen-Fahrzeug-Verbandes e.V., publiziert für verschiedene Fachzeitschriften und ist auch als Buchautor bekannt. Helmut Krackowizer schließlich, der „große alte Mann der Motorradszene", hatte für unser Jahrbuch bereits vor längerer Zeit einen Artikel über KTM verfasst, den er nicht mehr korrigieren konnte – wie bekannt, ist Helmut Krackowizer leider verstorben.

Ihnen, liebe Leserin, lieber Leser, wünschen wir viel Vergnügen mit dem Jahrbuch und nicht vergessen: das nächste Jahrbuch, die Ausgabe 2006, ist im Oktober 2005 erhältlich. Falls Sie selbst einmal für das Jahrbuch tätig werden wollen, Kritik oder Anregungen anbringen möchten, schreiben Sie uns an untenstehende Adresse. Wir freuen uns auf den Kontakt mit Ihnen.

Ihr Redaktionsteam „Jahrbuch Motorräder"

P.S.

Sie können das Jahrbuch in Buchhandlungen oder direkt beim Verlag auch abonnieren. Von den Ausgaben 1998, 2000, 2001 und 2002, 2003 und 2004 sind noch einige Exemplare lieferbar. Fordern Sie unser kostenloses Gesamtverzeichnis an mit Büchern über Motorräder, Autos, Traktoren, Feuerwehrfahrzeuge, Lastwagen, Lokomotiven und Baumaschinen:

Verlag Podszun-Motorbücher, Elisabethstraße 23-25, D-59929 Brilon
Fax: 02961/2508, eMail: verlag.podszun@t-online.de, Internet: www.podszun-verlag.de

Starke Stücke

Motorrad-Neuheiten 2004

von Ulf Böhringer

Keiner der renommierten Motorrad-Hersteller begann die Saison 2004 ohne fein geschliffene Pfeile im Köcher. Aber welche der rund 30 neuen Modelle finden im Lauf des Jahres sowie in den Folgejahren auch genügend Käufer? Bei welchen Fahrzeugen machen sich die Entwicklungskosten auch wirklich bezahlt? Die Überlegungen der Marketing-Strategen sind seit etwa zwei Jahren von Fragestellungen beherrscht, die ihnen viele Jahre lang fremd gewesen waren.

In Zeiten klassischen Wachstums, also bei stark steigendem Marktvolumen, ist eine gewisse Absatzgarantie ja beinahe serienmäßig eingebaut. Doch der Wettbewerb hat sich in Deutschland mittlerweile zu einem klassischen Verdrängungswettbewerb entwickelt: Vorbei sind die Zeiten, in denen der Markt wuchs und ein Rekord den nächsten jagte. 2003 war das vierte Jahr in Folge, in dem die Zahl der neu zugelassenen Motorräder gesunken ist. 2004 – das lassen die Zahlen des ersten Halbjahrs erwarten – wird sogar nochmals deutlich schlechtere Werte bringen als die Vorjahre.

2003 war ein sehr schwieriges Jahr

Um gut 6 500 Stück oder 4,6 Prozent ist die Zahl der erstmals in den Verkehr gegangenen Motorräder über 125 ccm im Jahr 2003 gefallen; als Ergebnis steht die Zahl 138 700 in den Listen des Industrieverbandes Motorrad Deutschland e. V. Fast 190 000 Einheiten waren es noch im Rekordjahr 1999 gewesen, was einem Rückgang von 27 Prozent entspricht. Oder anders herum: Ende 2003 war das Niveau von 1992 schon wieder deutlich unterschritten, als immerhin rund 150 000 Motorräder über 125 ccm neu zugelassen worden waren.

Aprilia RSV 1000

Aprilia RSV 1000

Gewinner...

Auch bei sinkendem Marktvolumen kann es durchaus Gewinner geben – das Jahr 2003 demonstriert das eindrucksvoll: Erstmals in der Nachkriegsgeschichte gelang es nämlich BMW, in Deutschland die Marktführerschaft (Marktanteil 19,87 Prozent) zu erobern. Eine erneute leichte Steigerung des Absatzes um 632 Motorräder (plus 2,4 Prozent) auf 26 987 Stück machte es möglich, den langjährigen Marktführer Suzuki (19,16 Prozent) zu schlagen; der japanische Hersteller büßte rund 2 850 Fahrzeuge (minus 9,7 Prozent) ein und kam auf 26 584 Fahrzeuge. Dass dieser Erfolg BMW in den Schoß gefallen ist, wird kaum jemand behaupten können: In den beiden letzten Monaten des Jahres, also im November und Dezember, legte der BMW-Absatz so kräftig zu, dass Spitzenreiter Suzuki noch abgefangen wurde. Der von verschiedenen Seiten formulierte Verdacht, BMW könne hier Aktionen eingesetzt und somit "nachgeholfen" haben, ist nicht von der Hand zu weisen: Exakte Zulassungs-Statistiken belegen, dass insbesondere solche BMW-Modelle zum Jahresende hin in überdurchschnittlich hoher Zahl zugelassen worden sind, die übers Jahr nur wenig gefragt waren.

Vier BMWs unter den Top Ten

Es waren denn auch gleich vier BMW-Modelle unter den "Top Ten" der Zulassungs-Hitparade zu finden: Mit weitem Abstand vorne lag der Abonnements-Sieger R 1150 GS (6 242 Stück), auf Platz drei kam die einzylindrige F 650 GS, auf Rang neun der Touren-Boxer R 1150 RT und auf Rang zehn das Roadster-Modell R 1150 R.

Damit brachte die Reiseenduro R 1150 GS das Kunststück fertig, in allen vier Jahren ihrer Marktpräsenz – sie erschien zum Modelljahr 1999 – das absolut meistverkaufte Motorrad gewesen zu sein, was ja insbesondere angesichts der doch beträchtlichen Höhe des Kaufpreises und der seit 2001 schwierigen wirtschaftlichen Begleitumstände bemerkenswert ist.

Auch Harley kann feiern

Im 100sten Jahr des Bestehens konnte auch die Deutschland-Niederlassung von Harley-Davidson zufrieden Bilanz ziehen: Im Jubiläumsjahr fanden fast 5 800 Harleys den Weg zu den Kunden, was einem Zulassungsplus von rund acht Prozent bedeutet. Damit lag Harley-Davidson 2003 in Deutschland nur knapp unter den besten Verkaufsergebnissen, die im Jahr 2000 eingefahren worden waren. Auch Harley-Tochter Buell registrierte ein gutes Ergebnis: Wurden im Jahr 2002 nur knapp 500 Motoräder verkauft, so hat die Einführung der XB-Modellreihe den Absatz auf rund 900 Fahrzeuge ansteigen lassen. Damit liegt der Marktanteil zwar immer noch unter einem Prozent, doch zeigt die Buell-Entwicklung immerhin nach oben.

KTM auf der Erfolgswelle

Der österreichische Hersteller KTM, der 2003 mit dem Modell 950 Adventure sein erstes Zweizylinder-Motorrad auf den Markt gebracht hatte, frohlockte: Ein Plus von zehn Prozent auf dem satten deutschen Markt ließ die Korken knallen.

Erstmals wurden mehr als 6 000 Motorräder abgesetzt und Harley-Davidson in der Zulassungs-Statistik "geschnupft". Im deutschen Super-Boomjahr 1999 war KTM noch bei 3 700 neu zugelassenen Fahrzeugen gelegen – seither konnte der Absatz um 62 Prozent gesteigert werden, der Marktanteil stieg von zwei Prozent auf 4,4 Prozent.

Benelli TnT 1130

Benelli Tre 900 RS

BMW K 1200 S

BMW F 650 GS

Auf Halten gespielt

Gerade so eben die Absatzzahlen (rund 4 000 Fahrzeuge) halten konnte der italienische Hersteller Ducati; die für 2003 neuen Modelle 999 und Multistrada zeigten wohl doch Wirkung. Deshalb stieg der Marktanteil auf knapp drei Prozent. Moto Guzzi, über Jahre hinweg nur Rückgänge gewohnt, konnte leicht zulegen und in Deutschland rund 1 270 Fahrzeuge neu in den Verkehr bringen. Auch Triumph (2 700 Fahrzeuge) und Sachs (280 Bikes) konnten die Vorjahreszahlen halten.

Japans Firmen waren die Verlierer

Die vier großen japanischen Hersteller Honda, Kawasaki, Suzuki und Yamaha sind die klaren Verlierer des Jahres 2003 – allerdings in höchst unterschiedlichem Ausmaß: Während Kawasaki (minus 5,4 Prozent) und Yamaha (minus 4,9 Prozent) die Verluste im Rahmen des durchschnittlichen Marktrückgangs halten konnten, gingen bei Suzuki (minus 9,7 Prozent) und speziell Honda (minus 14,9 Prozent) wesentlich größere Stücke am Kuchen verloren.

Im Falle des weltgrößten Zweiradherstellers Honda bedeutet das am deutschen Markt einen realen Verlust von rund 3 750 Fahrzeugen gegenüber dem Vorjahr! Dass 2003 keine einzige Honda unter die "Top Ten" gefahren ist, verschlimmert die für Honda schmerzliche Situation.

Kawasaki wendet das Blatt – langsam

Der kleinste der japanischen Hersteller, Kawasaki, konnte den freien Fall der Jahre 2000 bis 2002 auf dem deutschen Markt offensichtlich stoppen: Von über 26 000 Einheiten noch im Jahr 1999 rasselten die Zahlen auf unter 15 000. Doch die Umstellung firmeninterner Strukturen scheint zu greifen: So konnte mit der für 2003 vorgestellten Z 1000 erstmals nach Jahren wieder eine Kawa unter die Top Ten der Zulassungs-Hitparade fahren; mit fast 3 000 verkauften Fahrzeugen kam sie am Jahresende auf Rang acht.

Niente probleme in Italia?

Dass Italiens Hersteller – Ducati einmal ausgenommen – keine Probleme hätten, kann man leider ganz und gar nicht sagen: Die Aprilia-Gruppe kam 2003 genauso in finanzielle Bedrägnis wie MV Agusta/Cagiva. In beiden Fallen wirkte sich das auf den deutschen Absatz aus: Aprilia erlitt ein Einbuße von rund elf Prozent, MV Agusta/Cagiva sogar um 25 Prozent. Damit hat beispielsweise Aprilia sämtliche

BMW F 650 GS

Zuwächse seit 1998 wieder verspielt: aus maximal 3 650 in Deutschland verkauften Motorrädern (im Jahr 2000) sind wieder 1 900 geworden. Die im Frühjahr 2004 überdeutlich gewordene Finanz-Malaise hat zum Rückzug von Firmengründer Ivano Beggio aus der Firmenleitung geführt; Bankenkredite von 180 Millionen Euro waren nötig, um die stillgestandene Produktion wieder ins Laufen zu bringen. Es ist damit zu rechnen, dass die erst im Jahr 2000 erworbene Firma Moto Guzzi aus dem Aprilia-Konzern wieder ausgegliedert und verkauft wird.

Leistung war gefragt

Schon seit Jahren dreht sich die Leistungs-Spirale. Auch 2003 war es wiederum alleine die Klasse der über 72 kW/98 PS leistenden Motorräder, die gegenüber dem Vorjahr höhere Zulassungszahlen erzielte. Kein Wunder in diesem Zusammenhang, dass die beiden größten Hubraumklassen (ab 750 ccm und über 1 000 ccm) die geringsten Rückgänge zu verzeichnen hatten. So haben angesichts der deutlichen Rückgänge in der bis 2002 stets führenden Klasse 500 bis 749 ccm jetzt die "Big Bikes" unangefochten die Spitzenposition übernommen. Hubraum und Leistung gelten nach wie vor etwas auf dem deutschen Motorradmarkt.

Rückgänge auch bei Kraftrollern

In der Höhe ungefähr vergleichbar war 2003 der Zulassungsrückgang bei den Kraftrollern über 125 ccm: Am Jahresende wurde ein Minus von 4,9 Prozent (Motorräder 4,6 Prozent) registriert. Das bedeutete einen Absatz von rund 7 500 Fahrzeugen. Doch ging es innerhalb dieses Segmentes im Laufe

BMW K 1200 LT

des Jahres drunter und drüber: Der Marktführer des Jahres 2002, BMW, stürzte von fast 26 Prozent Anteil auf rund 8 Prozent ab, was einem Rückgang von 70 Prozent entspricht. Der Grund ist bekannt: Die Produktion des C1 wurde im Anfang 2003 eingestellt, es kam zum Abverkauf noch vorhandener Fahrzeuge des Typs C1 200.

Den Rückzug von BMW nutzten sowohl Suzuki, mehr noch aber Piaggio aus: Während Suzuki ein Plus von rund 250 verkauften Fahrzeugen erzielen konnte (2 029 Stück, rund 27 Prozent Marktanteil), setzte sich Piaggio mittels einer 80prozentigen Absatzsteigerung souverän an die Spitze (3 077 Stück, Marktanteil rund 41 Prozent). Heftige Verluste mit Rückgängen von klar über 30 Prozent erlitten dagegen sowohl Honda wie auch Yamaha; ihre 500 bzw. 600 ccm großen Super-Roller verkaufen sich nur noch schleppend, obwohl Honda dem SilverWing 600 zuletzt ein ABS spendiert hat. Für 2004 hat Yamaha seinen T-max 500 konsequenterweise ganz aus dem Verkaufsprogramm genommen und bietet in der großen Klasse jetzt nur noch den vergleichsweise einfach gestrickten Versity 300 an.

Schwacher Start ins Jahr 2004...

Bange Blicke allerseits zu Beginn des Jahres 2004: Kann der Negativ-Trend der Jahre 2000 bis 2003 auf dem Motorradmarkt endlich gestoppt werden? Zieht die Konjunktur endlich wieder an? Findet der Geiz-ist-geil-Trend endlich sein Ende? Auch wenn die Januar-Zahlen traditionell nicht viel Substanz besitzen, weil ja zumeist nur Werks-, Händler- und Vorführfahrzeuge zugelassen werden und kaum Kundenauslieferungen erfolgen, so ging es doch gleich mit einem Zulassungsminus von 21 Prozent ins Neue Jahr.

Der Februar, der erfahrungsgemäß schon für einen Jahresanteil von rund zehn Prozent gut ist, lief auch kaum besser: Der Rückgang gegenüber dem Vorjahr belief sich auf rund 19 Prozent, so dass nach zwei Monaten ein Minus von 19,5 Prozent aufgelaufen war. Zumindest in Süddeutschland war auch das Wetter kein Verkaufshelfer: Schneedecke und Minustemperaturen hielten sich überdurchschnittlich lange.

... ändert sich auch im März nicht wirklich

Mit schöner Regelmäßigkeit ist der März der zulassungsstärkste Monat des gesamten Jahres. Im Jahr 2004 hellten sich die Mienen der Händler, aber auch der Hersteller und Importeure nicht wirklich auf, wenn sie die Zahlen des deutschen Motorradmarktes analysierten. Zwar ging das Minus gegenüber den ersten beiden Monaten zurück, aber es er-

BMW K 1200 LT

BMW K 1200 S

BMW R 1200 C Montauk

gab sich immer noch ein Rückgang gegenüber März 2003 um elf Prozent! Angesichts der nun doch schon breiteren Zahlenbasis war es erstmals auch gerechtfertigt, auf Gewinner und Verlierer zu schauen. Und da zeigte sich für viele Erschreckendes: Nur die schlimmsten Verlierer des Jahres 2003 konnten einen positiven Trend aufweisen. So veröffentlichte Honda triumphierend die Quartalsbilanz, in der die für 2004 neu vorgestellte CBF 600 unangefochten auf Platz eins der Modell-Hitparade lag. Stolz beanspruchten die Honda-Leute den inoffiziellen Titel eines "Quartals-Marktführers" für sich, trugen doch über 21 Prozent aller in den ersten drei Monaten in Deutschland neu zugelassenen Motorräder die charakteristischen Schwingen auf dem Tank.

Wechselhafter April

Der April lief endlich besser; ein Zulassungs-Rückgang von "nur" noch acht Prozent gegenüber dem Vorjahr war nach den bislang stets zweistelligen Minuszahlen des Jahres schon fast ein Erfolg. Weil innerhalb der ersten vier Monate erfahrungsgemäß nahezu die Hälfte der Jahresernte eingefahren wird, lohnt an dieser Stelle ein genauerer Blick auf die Statistik. Er fördert wenig Tröstliches zu Tage: Mit Ausnahme von Honda (plus 5,3 Prozent) und Kawasaki (plus 3,9 Prozent) bringt keine der acht größten Marken ein positives Ergebnis zustande. Teils sind die Einbrüche sogar dramatisch: So läuft bei Suzuki in den ersten vier Monaten ein Minus von über 28 Prozent gegenüber dem Vorjahr auf, bei Yamaha ergibt sich ein Rückgang von fast 21 Prozent. Heftig schmelzen auch die Zulassungszahlen von BMW (minus 17 Prozent) und KTM (minus 15 Prozent). Allein Harley-Davidson (minus 10 Prozent) und Ducati (minus 3 Prozent) können sich, wenn teils auch nur knapp, unter dem durchschnittlichen Rückgang des Marktes behaupten.

Sondersituation für BMW

Ein Zulassungsminus von 17 Prozent bei der auf dem deutschen Markt jahrelang erfolgreichsten Marke mag auf den ersten Blick erschrecken. Bei genauerem Hinsehen zeigt sich, dass die R 1200 GS als Nachfolger des über Jahre bestverkauften Modells R 1150 GS bis zu diesem Zeitpunkt noch keine nennenswerte Rolle spielt – die ersten Maschinen gelangten erst Mitte März in Kundenhand. Angesichts der enormen Wartelisten, die BMW-Verkäufer schon vor dem eigentlichen Verkaufsstart der neuen Reiseenduro führen mussten, ist damit zu rechnen, dass sich die R 1200 GS in der Zulassungsstatistik im Laufe des Jahres 2004 noch weit nach oben arbeitet und möglicherweise trotz des verzögerten Starts noch die Spitzenposition erklimmt. Andererseits werden für BMW dieses Jahr die Bäume wohl nicht (mehr) in den Himmel wachsen, denn die Spatzen pfeifen es ja von den Münchner Dächern, dass auf Basis des neuen Boxer-Konzepts weitere Modelle folgen werden. So dürfte der Anreiz, noch dieses Jahr eine R 1150 RT, R 1150 R oder R 1100 S zu kaufen, deutlich nachlassen, auch wenn kein Erscheinungszeitpunkt für die entsprechenden Nachfolgemodelle bekannt ist. Auch die Modelle der K-Baureihe werden sich 2004 im Verkauf schwer tun, denn schon früh im Jahr wurde bekannt, dass im Herbst ein völlig neues Modell der K-Familie präsentiert werden wird, das aufgrund seiner Technik und Leistungsstärke für BMW als revolutionär zu gelten hat. Auch in diesem Bereich werden wohl verstärkte Marketing-Bemühungen notwendig werden, um den Verkauf von K 1200 RS und K 1200 GT nicht total einbrechen zu lassen.

Übler Einbruch im Mai

Welch ein Schock für die Branche, als die Mai-Zulassungszahlen bekannt wurden: Erneut stellte das Kraftfahrt-Bundesamt einen Stückzahl-Rückgang von über 18 Prozent fest, womit das Gesamtjahres-Minus sich wieder auf rund 13 Prozent erhöht hat. Bitter war das vor allem deshalb, weil der Mai traditionell der drittstärkste Monat des ganzen Jahres ist und Rückgänge in den besonders zulassungsstarken Monaten doppelt zählen. "Das ist nicht mehr aufzuholen", stöhnten Händler und Verkäufer schon im März – sie sollten tatsächlich Recht behalten. Sollte der Trend das restliche Jahr anhalten, so würden am Jahresende 15 000 Motorräder im Vergleich zum ohnehin nicht guten Jahr 2003 in der Statistik fehlen.

Trübe Halbjahres-Bilanz

Es sind ausschließlich die für 2004 neu vorgestellten Modelle, die den Herstellern auf den ersten Blick erkennbare Erfolge bescheren: auf den ersten fünf Plätzen liegen ausnahmslos Neumodelle. Ganz nach vorne hat es bis zu diesem Zeitpunkt die Honda CBF 600 S geschafft, was Honda verständlicherweise jubeln lässt. Es ist Jahre her, dass eine Honda mona-

BMW R 1200 GS

Harley Davidson Sportster

telang die Zulassungsstatistik angeführt hat. Mit der ebenfalls für 2004 ganz neu entwickelten CBR 1000 RR "Fireblade" liegt sogar ein zweites Honda-Modell auf Platz vier. Platz zwei und drei nehmen zwei Yamahas ein: Die R1 dominiert damit den Markt der Einliter-Supersportler, die FZ6 "Fazer", wie die R 1 ein für 2004 neu entwickeltes Modell, legt ebenfalls einen Traumstart hin. Bereits auf Rang fünf vorgefahren hat sich die neue BMW R 1200 GS; sie dürfte Monat für Monat einen Platz nach vorne kommen, während im verbleibenden zweiten Halbjahr wohl bei den meisten anderen Modellen keine dramatischen Absatzsteigerungen mehr möglich scheinen. Auf Platz sechs liegt die für 2004 leicht überarbeitete BMW F 650 GS, auf Position sieben kommt bislang die bewährte Suzuki GSF 1200 Bandit ein; sie belegte über Jahre hinweg hinter der BMW R 1150 GS den zweiten Platz, ist nun aber offenbar in die Jahre gekommen. Auch auf den Rängen acht und zehn liegen Suzuki-Modelle: Die SV 650 und die GSF 600 Bandit nehmen die einzige Kawasaki unter den Top Ten, den Supersportler ZX-10 R in die Zange.

Weniger tut's offenbar auch

Der sehr gute Start der Honda CBF 600 S führt dazu, dass sich die Gewichte der einzelnen Hubraumklassen wieder verschieben. So nimmt die Klasse 500 bis 749 ccm deutlich zu, während die in den letzten Jahren unerschütterlich gewachsene Klasse über 1000 ccm Rückgänge verzeichnen muss. Auch in punkto Leistung schlägt sich der Honda-Erfolg nieder: In der Klasse bis 57 kW, in der die CBF angesiedelt ist, werden die geringsten Rückgänge notiert.

Mal offen, mal versteckt: Die Preise sinken

Es gibt 2004 ganz offensichtlich nur wenige Motorradmodelle, bei denen der empfohlene Richtpreis auch (näherungsweise) bezahlt wird: Die BMW R 1200 GS gehört sicherlich dazu. Doch schon bei den mit immensem Aufwand entwickelten neuen Supersportlern aus Japan war bereits im Juni ein starker Preisverfall zu beobachten. So offerierten Yamaha-Händler die auf Platz zwei der Zulassungs-Hitliste notierte R1 für 11 890 Euro, während der empfohlene Richtpreis inklusive Nebenkosten bei 13 390 Euro liegt. Das bedeutet einen Preisnachlass von 1 500 Euro oder elf Prozent; der Kunde muss dafür lediglich eine Tageszulassung in Kauf nehmen. Während bislang lediglich in die Jahre gekommene Modelle mit solchen Aktionen in den Markt gedrückt wurden, muss die Branche jetzt offenbar bereits bei brandneuen Modellen mit erheblichen Preisnachlässen arbeiten, um überhaupt noch auf nennenswerte Verkaufszahlen zu kommen. Ein offizieller Preisnachlass in Höhe von 1 000 Euro wurde im Frühjahr 2004 für die Honda Transalp angeordnet; der deutsche Importeur reagierte damit auf das Erscheinen der sehr leistungsfähigen Suzuki DL 650, die mit 6 990 Euro ausgepreist war, während die ältere und schwächere Honda 7 490 Euro kosten sollte. "Not amused" dürften sich vor allem jene Transalp-Besitzer zeigen, die letztes Jahr oder zu Beginn dieses Jahres eine XL 650 zum regulären Preis gekauft haben; ihr Wertverlust ist bereits Realität.

Wie problematisch die Situation ist, verdeutlichen die fast schon verzweifelt anmutenden Sonderofferten der Importeure: So hat Honda Mitte Anfang Juli die Aktion "100 % Traumbike für 50 % Kohle" gestartet. Dabei muss im Jahr des Kaufs nur die Hälfte des Listenpreises bezahlt werden, danach ist ein Jahr Pause mit der Rückzahlung. Wer die halb anbezahlte Honda dann behalten will, braucht für das mittlerweile vergangene Jahr keinerlei Zinsen zu zahlen.

Kommen nicht auf Touren: MZ und Sachs

Weder der Nürnberger Hersteller Sachs noch MZ in Zschopau kamen im ersten Halbjahr 2004 auf Touren, was insbesondere für MZ bitter ist, hat man dort doch mit der 1000 S ein nagelneues, technisch sehr anspruchsvolles und auch optisch ansehnliches Modell im Programm. Für MZ errechneten die Statistiker einen Rückgang von 249 auf nur noch 200 neu zugelassene Motorräder, was den ohnehin geringen Marktanteil von 0,29 auf 0,26 Prozent sinken ließ. Ob der lahmende Verkauf der MZ 1000 S am mäßigen Image der Marke, am relativ hohen Preis des Motorrads oder an der anfangs nicht perfekten Motorabstimmung des Zweizylinder-Reihenmotors liegt, wissen nur Eingeweihte. Dagegen wurde der Rausschmiss des bisherigen Geschäftsführers Petr-Karel Korous mitgeteilt; Korous musste sich offenbar auch von seiner MZ Engeneering GmbH trennen, die bislang im Auftrag der malaiischen MZ-Mutterfirma Hong Leong alle Entwicklungsarbeiten vornahm – und MZ in Rechnung stellte. MZ bzw. Hong Leong hat sämtliche Anteile von Korous übernommen.

Auch Sachs produziert so gut wie nichts außer Zulassungsrückgängen: Wurden im ersten Halbjahr 2003 noch 140 Motorräder neu zugelassen, so sank deren Zahl dieses Jahr auf 98, woraus sich ein Rückgang von sage und schreibe 33 Prozent errechnet. Wie lange Sachs sich noch den Luxus leistet, Motorräder anzubieten, wissen die Götter. Und eine Serien-"Beast", vor Jahren auf der Intermot als Studie präsentiert und von der Fachpresse ob ihres minimalistischen Konzepts enthusiastisch gefeiert, ist weit und breit nicht in Sicht.

Heißer Kampf bei den 1000er Supersportlern

War es im vergangenen Jahr die Klasse der 600er Supersportler, in der die Musik spielte und gleich drei neue Modelle an den Start gingen, so sind es diesmal die Tausender. Wobei sich am Beispiel dieser Fahrzeugklasse eine echte Zäsur festmachen lässt, die es für Fans dieser Art von Bikes wirklich sinnreich

Harley Davidson Road King Custom

Noch immer Projekt: KTM 990 Duke

macht, jetzt zum Kauf zu schreiten. Denn der Entwicklungsschritt von einer bisherigen Fireblade zum aktuellen 04er Modell ist dermaßen groß wie wohl noch nie zuvor zwischen zwei Modellgenerationen. Das drastische Leistungsplus gegenüber dem Vormodell wie auch die deutliche Gewichtsreduzierung in Verbindung mit hervorragend abgestimmten Fahrwerken sind echte Kaufargumente, wie es sie nicht bei jedem Modellwechsel gibt. Was hier für die Honda gesagt wurde, gilt für die entsprechenden Modelle von Kawasaki und Yamaha in gleichem Maße.

Die Eckdaten lauten ungefähr so: Gewicht um die 200 Kilogramm, nominelle Leistung um die 170 PS. Das bedeutet, dass die supersportlichen Zweizylinder-Tausender ein Leistungsmanko von mindestens 30 bis 40 PS haben. Auf den Prüfständen und Rennkursen, auf denen die professionellen Zeitenfeiler der europäischen Motorradpresse im sogenannten "Masterbike 2004" den Sieger unter 13 supersportlichen Motorrädern suchten, ergab sich freilich, dass es deutliche Unterschiede zwischen nomineller und echter Leistung gibt – und dass Höchstleistung nicht alles ist. Denn noch nicht einmal auf dem gewählten Rennkurs, der extreme Geschwindigkeiten von bis zu 300 km/h zulässt, konnten die Tausender nennenswerte Vorsprünge herausfahren.

Im ersten Halbjahr 2004 in Deutschland am besten verkauft hat sich die Yamaha YZF-R1; ihr Vierzylindermotor leistet gemessene 162 PS/119 kW bei 12 500/min., das maximale Drehmoment erreicht 106 Nm bei 9 750/min. Als beste Rundenzeit im Masterbike notierte man 1:56,5 Minuten, der Listenpreis (jeweils ohne Nebenkosten) beträgt 13.100 Euro. Die Honda CBR 1000 RR "Fireblade" leistet gemessene 160 PS/118 kW bei 11 000/min., der Maximalwert für das Drehmoment liegt bei 113 Nm und stellt sich bei 8 250/min. ein. Bestzeit 1:57,0 Minuten, Preis 12 990 Euro. Die Kawasaki ZX-10 R kommt ebenfalls auf 160 PS/118 kW bei 11 250/min., das Drehmoment erreicht maximal 110 Nm bei 9 000/min. Rundenbestzeit 1:55,1 Minuten (absolute Bestzeit), Preis 12.995 Euro. Aus dem Vorjahr datiert die Suzuki GSX-R 1000, deren Motor "nur" 155 PS/114 kW bei 10 750/min. leistet und ein Drehmoment von 109 Nm bei 8 250/min. entwickelt. Dennoch notierte man eine Rundenbestzeit von 1:56,3 Minuten, der Preis beträgt 12 510 Euro.

Mit der MV Agusta F4 1000 S tritt 2004 in dieser Klasse ein weiteres, allerdings viel exklusiveres und

Buell XB 12 R Firebolt

Buell XB 12 S tightning

Buell XB 12 R Firebolt

Buell XB 12 S tightning

teureres Motorrad an. Die Leistungsdaten sind viel versprechend: Der Vierzylindermotor ist mit 166 PS angegeben und entsprach auf dem Leistungsprüfstand mit 165 PS/121 kW bei 11 700/min. auch den Erwartungen. Das maximale Drehmoment von 108 Nm fällt bei 9 900/min. an. Der Preis von 19 800 Euro ist allerdings auch heiß.

Ebenfalls zu den supersportlichen Tausendern zählt die Aprilia RSV 1000 R mit dem Zweizylinder-V-Motor. Insbesondere in der technisch besonders hochwertigen "Factory"-Version ein sehr leistungsfähiges Bike (137 PS/101 kW bei 10 000/min., 104 Nm bei 8 250/min.). Rundenbestzeit im Masterbike 2004 1:57,4 Minuten, Preis 17 429 Euro inkl. Nebenkosten; die Basis-Mille mit gleich starkem Triebwerk ist schon für 13 639 Euro zu haben.

Ebenfalls ein neues, ganz heißes Eisen stellt die Suzuki GSX-R 750 dar; der Hersteller verspricht 600er Handling und 1000er Fahrleistungen. Im Masterbike-Vergleich stellte sich heraus, dass dies stimmt und doch nicht zutrifft. Zwar schwächelt das Triebwerk (133 PS/98 kW statt angegebener 148 PS), doch begeisterte die leichte Fahrbarkeit des 10 990 Euro kostenden Bikes. Die Rundenzeit: 1:56,7 Minuten und damit besser als die der Honda Fireblade.

Ebenfalls neu für 2004 ist die Suzuki GSX-R 600. Dass man auch mit 400 Kubikzentimetern weniger Hubraum auf dem Rennkurs nicht wirklich langsamer ist, dokumentierte der Masterbike-Vergleich: die beste Rundenzeit lautete 1:57,6 Minuten. Die technischen Daten: 107 PS/79 kW bei 13 500/min., 64 Nm bei 10 500/min. Der Preis beträgt 9 690 Euro. In dieselbe Kategorie der Supersportler gehört die neue Ducati 749 R, wie die Aprilia von einem Zweizylindermotor befeuert: Aus 749 ccm werden immerhin 120 PS/88 kW bei 10 000/min. realisiert, das Drehmoment erreicht 84 Nm bei 9 750/min. Die Runden-Bestzeit der 19 795 Euro kostenden Racing-Replica lautet 1:57,5 Minuten.

Im Klartext: Keines der Zwei- und Vierzylindermotorräder mit Hubräumen zwischen 600 und 1000 Kubikzentimetern und Leistungen zwischen 107 und 162 PS war unter identischen Bedingungen langsamer als 1:57,7 Minuten – die Bestzeit lautet 1:55,1 Minuten.

Sportlich auf Tour

Bei den Sporttourern treten 2004 zwei neue Modelle an; die Ducati ST3 basiert auf den bekannten ST2- und ST4-Modellen, besitzt jetzt aber einen Dreiventil-Motor mit 102 PS/75 kW und zahlreiche optische Retuschen zum Preis von 10 995 Euro. Rundum neu ist dagegen die MZ 1000 S, deren Touring-Fähigkeiten allerdings etwas geringer ausgeprägt sind als die der Ducati. Ihr von MZ selbst entwickelter Zweizylinder-Reihenmotor schwingt sich zu 114 PS/84 kW auf; im Preis von 11 990 Euro ist eine gehörige Portion Exklusivität enthalten, denn große Stückzahlen wird es von ihr kaum geben.

Nackt und unverfälscht

Große Erfolge erwartet sich Honda von der neuen Mittelklassemaschine CBF 600, die es als unverkleidete Version (6 190 Euro) und mit Halbschalenverkleidung als "S"-Modell gibt. Die Konzeption beider Motorräder geht weg vom Streben nach immer mehr Leistung und immer aggressiverem Aussehen, sondern setzt auf ein betont freundliches Erscheinungsbild und besonders harmonische Leistungsabgabe. Die Spitzenleistung des Vierzylinder-Reihenmotors wurde deshalb auf 78 PS/57 kW begrenzt. Neu – zumindest für japanische Hersteller – sind zwei bedeutsame Ausstattungsmerkmale: Erstmals gibt es in dieser Klasse ein ABS (plus 600 Euro inkl. Hauptständer). Zweitens lassen sich Sitz, Lenker und Windschild mehrfach verstellen, so dass Personen zwischen ca. 1,57 und 1,95 Metern Größe einen bequemen Arbeitsplatz finden.

In die Mittelklasse gehört auch die Yamaha FZ6. Es gibt sie als nackte Basisversion und – mit Beinamen "Fazer" – mit einer Halbschalenverkleidung. Das Profil der Fazer ist gegenüber dem langjährigen Erfolgsmodell gleichen Namens für 2004 stärker in Richtung sportlich-dynamisch entwickelt. Mit 7 205 Euro liegt die Fazer preislich an der Obergrenze ihrer Klasse, die unverkleidete FZ6 ist dagegen mit 7 005 Euro gelistet.

Eine starke Konkurrenz sollte der neuen Yamaha Fazer eigentlich in der neuen Kawasaki Z 750 erwachsen; die Zulassungszahlen des ersten Halbjahres sprechen allerdings eine andere Sprache, denn die Kawa taucht zumindest bis zu diesem Zeitpunkt noch nicht unter den Top Ten auf. Die Z 750 bietet mit 110 PS/81 kW so viel Leistung, wie üblicherweise erst bei Motorrädern mit 900 ccm-Motor zu haben ist, kostet dabei aber nicht mehr als gängige Fahrzeuge der 600er Klasse. Zudem glänzt die Kawasaki Z 750 mit mustergültigem Handling und vermittelt Fahrspaß pur. Für 7 195 Euro bietet die Z 750 nicht nur enorm viel Motorrad fürs Geld, sondern wird wohl auch ihrer im vergangenen Jahr vorgestellten großen Schwester Z 1000 das Leben mehr als schwer machen: 2 800 Euro weniger sind ein starkes Argument.

Wie die Yamaha FZ6, so gibt es auch die neue Buell XB 12 in zwei Versionen: nackt als Streetfighter und mit Halbschalenverkleidung. Im ersten Fall lautet die Modellbezeichnung XB 12 S Lightning, im zweiten Fall XB 12 R Firebolt. Der auf Harley-Basis aufgebaute V2-Motor mit 101 PS/75 kW macht allerdings auch dramatisch deutlich, dass die erst 2003 präsentierten, technisch eng verwandten Einliter-Modelle vom Typ XB9 kaum noch eine Existenzberechtigung haben. 11 499 Euro sind der Preis für viele technische Besonderheiten und ein exklusives Markenimage.

Nackte Bikes kommen außer von Buell auch noch von anderen Nischenherstellern. So bringt der Italo-Mini Benelli die TNT 1130 Naked; sie basiert auf dem

Suzuki GSX R 600

Honda CBF 600

ziemlich kompromisslosen Supersportler Tornado Tre und besitzt einen Dreizylindermotor mit 136 PS/100 kW; sie werden aus exakt 1131 ccm Hubraum realisiert. Der Preis der nackten Schönheit beträgt 12 900 Euro.

Unverkleidet kommt auch die Triumph Thruxton 900 daher; sie basiert auf der ebenfalls nackten Bonneville, macht aber auf sportlich und wird als "Café Racer" bezeichnet. Der Zweizylinder-Reihenmotor leistet 51 kW/69 PS, der Preis beträgt 8 360 Euro.

Ganz am unteren Ende der Preisskala rangiert die Hyosung 650 Naked; mit diesem nur 4 999 Euro kostenden Modell betritt der koreanische Hersteller die deutsche Bühne. Die 650 Naked ist der letzten Generation der Suzuki SV 650 wie aus dem Gesicht geschnitten; Hyosung dementiert jegliche Kopierabsichten. Der wassergekühlte V2-Motor leistet maximal 57 kW/77 PS aus 647 ccm Hubraum. Erste Tests bescheinigten der Hyosung ein gutes Preis-/Leistungsverhältnis.

Ein Mittelding zwischen Naked Bike und Cruiser stellt die für 2004 grundlegend neue Moto Guzzi Nevada Classic 750 ie dar. Sie basiert in wesentlichen Teilen auf der 2003 vorgestellten Breva 750, orientiert sich aber optisch an der seit Jahren im Programm befindlichen Nevada, ohne deren Custom-Attitüden voll zu übernehmen. Das luftgekühlte Zweizylinder-Triebwerk leistet 48 PS/35,5 kW und reicht für zügiges, frohgemutes Fahren völlig aus. Eindrucksvoll sind Handlichkeit und Schräglagenfreiheit des nur 191 Kilogramm wiegenden Moto. Der Preis von 7 690 Euro geht angesichts der gebotenen technischen Ausstattung in Ordnung.

Auch für diejenigen, die mit einem halben Liter Hubraum leben können, brachte das Jahr 2004 Neuheiten: Sowohl Honda wie Suzuki entschlossen sich, nach jahrelangem Abwarten ihre Einstiegsmodelle zu modifizieren. Während es Suzuki im wesentlichen bei optischen Änderungen beließ und die GS 500 auf die aktuelle Suzuki-Linienführung trimmte, was ihr eine Vollverkleidung und die Typenbezeichnung GS 500 F (Preis: 4 780 Euro) einbrachte, ging Honda gründlicher zu Werke. Die CBF 500 ist grundlegend neu, auch wenn das Triebwerk von der bewährten CB 500 übernommen wurde. Als Besonderheit kann die nunmehr 40 kW/54 PS leistende CBF auch mit ABS geordert werden, was sich offenbar als kluger Schachzug der Marketingstrategen erweist: Kein anderer Hersteller bietet für 5 990 Euro ein vollwertiges Motorrad mit ABS. Ohne die Sicherheitsbremse ist die CBF für 5 390 Euro zu haben; die Nachfrage nach dem Basismodell ist jedoch gering.

Reise-Enduros im Aufwind

Fangen wir mit dem Nachfolgemodell der BMW R 1150 GS an; die 255 Kilogramm schwere Reiseenduro war seit ihrer Vorstellung im Sommer 1999 ununterbrochen das in Deutschland am meisten verkaufte Motorrad – und zwar mit weitem Abstand. Die neue R 1200 GS – 18 Prozent stärker mit jetzt 98 PS/72 kW leistendem Motor und zugleich 25 Kilogramm leichter – bringt alle Anlagen mit, um den Verkaufserfolg des Vorgängermodells sogar noch zu übertreffen. Zwar ist ein Basispreis von 11 500 Euro nicht gerade wenig, doch sollten die rundum nochmals gesteigerten Qualitäten der 1200er ausreichen, um alle Bemühungen der Konkurrenz in die Schranken zu verweisen. Die Zulassungszahlen der ersten drei Monate deuten an, dass in diesem Motorrad ein hohes Potenzial steckt.

Kawasaki, bislang in der Klasse der Reisemotorräder mit großen Federwegen nicht vertreten, hat im Zuge der Kooperation mit Suzuki die erfolgreiche DL 1000 V-Strom ins Programm genommen. Als Kawasaki KLV 1000 weist sie diverse Kawa-Aufkleber und eine ziemlich aufdringliche orangefarbene Lackierung auf; dass sie eine echte Suzuki ist, verrät ein Aufkleber am Rahmen. Ihr Triebwerk (98 PS/72

Kawasaki VN 1600 Streak

Kawasaki VN 2000

kW) kann hundertprozentig überzeugen, und auch das Handling der KLV geht absolut in Ordnung. Irgendwie geartete Offroad-Qualitäten sollte man von der Kawa aber nicht erwarten – sie ist eine komfortable, agile Straßenmaschine. 9 595 Euro lautet die Preisempfehlung.

Auf das ABS setzen 2004 mit Honda und Aprilia gleich zwei Hersteller von Reiseenduros. Honda gönnt der bislang eher glücklosen Varadero zusätzlich zum hervorragenden Combined Brake System (CBS) den Antiblockierschutz. Mit Einspritzung, G-Kat und optimaler Bremsanlage ist die Varadero theoretisch voll auf der Höhe; aber nicht nur wegen ihres hohen Gewichts von 277 Kilogramm stellt sie nicht mehr dar, als ein ausgesprochen komfortables, ausgewogenes Reisemotorrad. Mit "Enduro" hat die 11 190 kostende XLV 1000 ABS nichts am Hut.

Das ist auch bei der Aprilia Caponord ABS nicht wesentlich anders: Auch sie beeindruckt mehr durch ihr Gewicht als durch Agilität, ohne deshalb auf kurvigen Land- und Bergstraßen schwerfällig zu sein. Das ABS fühlt sich im direkten Vergleich zu den Systemen anderer Hersteller allerdings teigig an und kann – außer durch Verhindern der Radblockierung – nicht überzeugen. 11 249 Euro inkl. Nebenkosten sind für die aufwändigste aller Caponords fällig.

Ducati 749

Ducati ST3

Auch die Triumph Tiger hat für 2004 eine Überarbeitung erfahren; so sind beispielsweise die Federwege etwas kürzer geworden, statt Speichenrädern werden Gußfelgen montiert – offenbar hat Triumph erkannt, dass die meisten Reiseenduros zumeist auf der Straße gefahren werden. Auch einige Fahrwerksmodifikationen sind zu notieren. Wirkliche Fortschritte im Handling hat das nicht zur Folge; das 955 ccm große Einspritztriebwerk mit G-Kat leistet nunmehr nominell 106 PS/78 kW bei 8900/min, wird aber auch auf Wunsch mit 98 PS-Kit geliefert. Heizgriffe, Hauptständer und Gepäckkoffer sind jetzt serienmäßig. Die Tiger kostet 10 360 Euro.

Doch auch eine Klasse tiefer tut sich für 2004 was: Suzuki lässt seiner 2002 vorgestellten Tourenmaschine DL 1000 V-Strom jetzt eine kleine Schwester nachfolgen. Die DL 650 V-Strom mit ihrem aus der SV 650 bekannten, zugleich quirligen wie durchzugsstarken Zweizylinder-V-Motor mit 67 PS/49 kW macht angesichts ihres Preises von 6 990 Euro einen so vorzüglichen Eindruck, dass es schwer fällt, Argumente zugunsten der Tausender zu finden. Zumal eine Preisdifferenz von 2 600 Euro im Raume steht.

Cruiser machen jetzt auf Power

Hohe Stückzahlen sind zumindest hierzulande nicht zu erwarten, auch wenn die neuesten Power-Cruiser von Kawasaki (VN 2000, 103 PS/76 kW) und Triumph (Rocket III, 2,3 Liter-Dreizylindermotor, 140 PS/103 kW) alles bisher da gewesene in den Schatten stellen. Die Kawasaki ist für 17 195 Euro seit dem Frühjahr erhältlich. Die Auslieferung der Triumph, deren Motor mit dem ultrahohen Drehmoment von 200 Newtonmetern (entspricht dem 150 PS starken FSI-Zweilitermotor im VW Golf) protzt, begann erst im späten Sommer. 17 750 Euro muss man für das mächtige Teil übrig haben. Ganz sicher werden sich beide Modelle nicht unter den Top 100 der Zulassungsliste 2004 finden. Nichts mit Power-Protz am Hut hat die neue Harley-Davidson Road King Custom; das neueste Derivat der Road King-Reihe kommt mit kleinem Windabweiser, verzichtet dafür aber auf die Scheibe der normalen Road King. Verblüffend, wie sich die Optik dadurch ändert. Der V2-Motor leistet 71 PS/52 kW, die Preise beginnen je nach Lackierung bei 20 300 Euro.

Kawasaki hat für 2004 dem Modell Mean Streak zusätzlichen Hubraum spendiert, wodurch sie zur Mean Streak 1600 mutierte. Zwar ist die Nennleistung dadurch nur von 53 auf 54 kW (73 PS) gestiegen, doch macht sich der Hubraumzuwachs von 82 ccm im Durchzug deutlich bemerkbar. Der Preis stieg geringfügig von 11 995 auf 12 195 Euro. Die Mean Streak 1600 wurde im Zuge der Kooperation mit Suzuki auch ins Modellprogramm dieses Herstellers übernommen; dort heißt es Marauder 1600 und steht für 12 250 Euro in der Preisliste.

Auch BMW hat seine Cruiser-Palatte nochmals erweitert: Auf Basis der BMW R 1200 CL entstand die unverkleidete R 1200 C Montauk. Sie zeichnet sich durch alle technischen Feinheiten der CL (breiter Vorderreifen, verbreiterte Standrohre, Cockpit-Instrumentierung, Evo-Bremsanlage, überarbeitetes Getriebe, etc.) aus und erhält zusätzlich den mit Doppelzündung ausgerüsteten Boxermotor. Damit steigt die Laufkultur, während Abgasbelastung und Verbrauch sinken. Der Preis der 45 kW/61 PS starken Montauk beträgt 13 750 Euro und ist mit dem des Cruiser-Modells Independent identisch.

Geradezu winzig gegenüber all den Hubraum-Monstern erscheint im Vergleich die neue Honda Shadow 750. Natürlich wurde das 45 PS/34 kW leistende Motorrad nicht wegen der ziemlich überschaubaren Nachfrage in Deutschland entwickelt; aber wenn es das hübsch gemachte Stück wegen der Nachfrage in anderen Ländern halt schon mal gibt, dann wird es eben auch hier zu Lande angeboten. 6 990 Euro erscheinen im Vergleich nicht als zuviel.

… und noch immer warten wir auf…

… die Moto Guzzi V 1100 i.e. Breva. Die rundum neu entwickelte Tourenmaschine des italienischen Traditionsherstellers sollte eigentlich im Laufe des Jahres 2004 kommen, erlitt aber wegen der Finanzprobleme des Aprilia-Konzerns einen Entwicklungs-Rückstand. Sie soll nun 2005 auf den Markt kommen. Für das 84 PS/62 kW starke, wahlweise mit ABS erhältliche Touringbike steht noch kein Preis fest.

Ausblick auf das Modelljahr 2005

Das Modelljahr 2005 wird voraussichtlich für die letzten Vergasermotoren das Ende bedeuten; elektronische Einspritzungen werden zur Basis-Ausrüstung. Stark forciert wird die Ausstattung mit ABS: Von sämtlichen Herstellern sind Modelle mit Antiblockiersystem zu erwarten, nachdem Honda ein Jahr zuvor unüberhörbar das ABS auf den Schild gehoben und in Deutschland mit der CBF 600 ABS dieses Jahr auch einen hervorragenden Erfolg erreicht hat.

Moto Guzzi Griso

BMW lässt die Muskeln spielen

Schon ungewöhnlich früh erfolgten 2004 die ersten Modellpräsentationen für das Jahr 2005: Den Anfang machte Mitte Juli BMW. Die K 1200 S, nach 21 Jahren Bauzeit erstes Modell des neuen K-Zeitalters, bietet als Hochleistungs-Sportmaschine Kraft im Überfluss: Das Datenblatt nennt eine Maximalleistung von 123 kW oder 167 PS bei 10 250/min aus 1157 ccm Hubraum; das maximale Drehmoment wird mit 130 Nm angegeben. Nach BMW-Überzeugung hat man bei der K 1200 S eine neue Synthese aus Hochleistung, Handlichkeit und Fahrkomfort erreicht; unter anderem gibt es für die sportlichste jemals gebaute BMW ein elektronisch einstellbares Fahrwerk. Die Ausstattung mit Integral-ABS in Teilintegralversion ist selbstverständlich. Erstmals im Serien-Motorradbau wird bei der K 1200 S eine Vorderradführung mittels doppelter Längslenker verwendet. Mit 248 Kilogramm ist die 14 850 Euro kostende K 1200 S um 35 Kilogramm leichter (und 100 Euro billiger!) als die weiterhin angebotene, 14 950 Euro teure K 1200 RS, bislang sportlichster Vertreter der K-Baureihe.

Gilera Nexus

Honda

Selbstverständlich wird Honda für die Saison 2005 seine CBR 600 RR, mittlerweile zwei Jahre auf dem Markt, einem technischen Update unterziehen, wie das ja bei den Höchstleistungsbikes inzwischen üblich ist. Das Hondaeigene Integralbremssystem wird 2005 in weiteren Modellen zu finden sein.

Kawasaki will die Krone

Kawasaki schwimmt nach Jahren des Rückgangs zurzeit fraglos auf einer Erfolgswelle. Damit dies auch 2005 so bleibt, wird vermutlich das Modell ZX-6R deutlich überarbeitet. Mehr Leistung und wohl auch eine Anti-Hopping-Kupplung sollen geboten werden.

KTM

Nach dem doch eher verhaltenen Start der ersten Zweizylinder-KTM, der 950 Adventure, ist für 2005 mit einer Einspritzversion des Rallye-Racers zu rechnen. Ebenfalls zu erwarten ist die häufig diskutierte und als Prototyp auch schon gezeigte große Duke.

Suzuki setzt auf volle Power

In der 1000er Superbike-Klasse dreht für 2005 Suzuki erneut an der Leistungsschraube: Die nächste Modellgeneration der GSX-R 1000 wird – so vermuten Kenner der Szene – 183 PS oder 134 kW leisten und damit 20 zusätzliche Pferdestärken aufweisen. Das Gewicht von bisher schon sehr günstigen 200 Kilogramm vollgetankt soll um rund zehn Kilo reduziert werden.

Yamaha

Die deutlich in die Jahre gekommene FZS 1000 Fazer wird wohl im Herbst durch eine Neuerscheinung abgelöst; möglicherweise heißt sie FZ 10. Der Rahmen ist von der FZ6 inspiriert, das Triebwerk sowie die Schwinge und einige andere Bauteile stammen vom Hypersportmodell R1. Auf Wunsch wird die FZ 10 mit ABS geliefert. Auch die Modelle FZ6 und TDM 900 sollen 2005 wahlweise mit ABS ausgeliefert werden. Ziemlich Aufsehen erregend wird ein neues Zweizylinder-Straßenmotorrad von Yamaha sein, dessen Modellkürzel MT-01 lautet. Dem Vortrieb dient der gewaltige 1670 ccm Motor aus der Road Star Warrior, der Endantrieb soll über einen Zahnriemen erfolgen. Die Hinterradfederung erfolgt mittels eines unter dem Motor montierten, liegenden Federbeins, das über allerhand Hebeleien angesteuert wird. Ein offenes Geheimnis ist die Entwicklung einer zweizylindrigen Reiseenduro; in einer Sonderversion wird sie sogar mit Allradantrieb zu haben sein. Fraglich ist nur, ob die wohl XT 1000 heißende, auf die BMW R 1200 GS und die KTM 950 Adventure zielende Yamaha schon in der Saison 2005 zu haben ist.

Ducati ST 3

Ducati ST 3

Honda CBR 125 R

Honda CBF 600

Hyosung GT 650

Laverda SFC 1000

Malaguti Spider Max

Mondial Piega Nuda

Moto Guzzi Breva 1100 ie

MV Agusta F4 1000

MZ 1000 S

Honda CBR 1000 RR Fireblade

Honda Studie Tamago

Kawasaki ZZR X Studie: K

Yamaha YZF RI

Kawasaki ZX 10 R

Yamaha XT 660 X

Suzuki V Strom 650

Suzuki GSX R 750

Yamaha FZ6 Fazer

Yamaha XT 660 X

Honda CBR 125 R
Kawasaki Z 750

Triumph Rocket III

Triumph Thruxton 900

Honda Shadow 750

Yamaha XT 660 R

Honda Studie Tamago 125

Yamaha FZ6 Fazer

Airone

La piccola Moto Guzzi

von Jürgen Nöll

Fragen sie in Motorradkreisen nach den drei bedeutendsten italienischen Motorradmarken, so wird eine fast immer genannt werden: Moto Guzzi, das Unternehmen mit dem fliegenden Adler als Firmenlogo.

MOTO GUZZI

Die Historie des Unternehmens geht zurück auf das Jahr 1921, in dem der Flugzeugmechaniker Carlo Guzzi im oberitalienischen Mandello del Lario am Comer See die Firma „Moto Guzzi" gründet. Noch während des Ersten Weltkrieges schmiedet er mit zwei Fliegern, deren Flugzeuge er zu warten hat, erste Pläne zum Bau eines Motorrades. Und da ein Adler mit ausgebreiteten Schwingen das Symbol der Flieger darstellt, wird er bereits zum Markenzeichen der allerersten Guzzi.

So typisch wie der Boxermotor für BMW und der V-Twin für Indian, ebenso typisch sollte der liegende Einzylinder für Moto Guzzi werden. Und so selbstverständlich wie Henry Fords T-Modelle schwarz sind, ebenso selbstverständlich sind die Motorräder aus Mandello rot, meistens jedenfalls.

Mit einem Hub-/Bohrungsverhältnis von 82 x 88 Millimetern hat der fortschrittliche luftgekühlte Kurzhuber exakt 498 Kubikzentimeter Hubraum. Seiner Leistungsfähigkeit und Ausdauer ist es zu verdanken,

Der große italienische Rennfahrer Pietro Ghersi auf der Guzzi Monoalbero in den Zwanzigerjahren

Vorgänger der Airone: Modell P 175/250

Airone Motor mit „offenem Kopf"

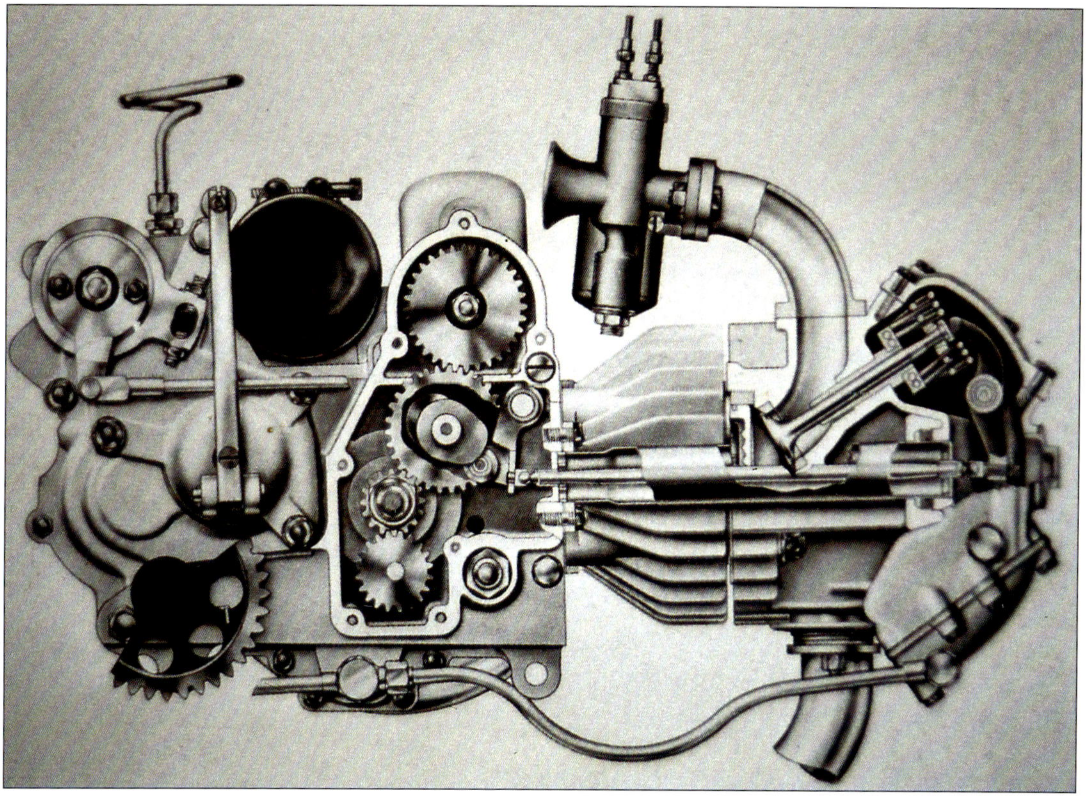

Airone-Motor im Schnitt

Bruno Ruffo auf einer 250er Rennguzzi, Modell Gambalunghino

Rennmodell Gambalunghino von 1952

Wahrzeichen aller Airone-Modelle: der liegende Einzylinder

dass bereits im ersten Produktionsjahr ein Sieg der Targa Florio errungen werden kann mit einer von 17! gebauten Serienmaschinen. Innerhalb weniger Jahre kann Carlo Guzzi auf eine lange Reihe Rennsporterfolge zurückblicken, die ihresgleichen sucht. Noch in der ersten Hälfte der Zwanziger Jahre werden die 500er Werksrenner mit obenliegenden Nockenwellen und Vierventil-Zylinderköpfen bestückt.

Während die Seriefahrzeuge ausschließlich mit Halblitermotoren ausgestattet sind, entsteht 1926 das erste Viertelliter-Modell. Mit diesem zweiventiligen Königswellen-Renner sind die Italiener nicht weniger erfolgreich. Noch im selben Jahr geht diese Maschine bei der englischen Tourist Trophy als zweite über die Ziellinie.

Dennoch denkt man jenseits der Alpen nicht daran, eine 250er Serienmaschine aufzulegen. Noch nicht…

Es bedarf erst der 1929 an der New Yorker Börse ausgelösten Weltwirtschaftskrise, die auch vor den Grenzen Italiens nicht Halt macht. Die Verkaufszahlen sind stark rückläufig, den Leuten wird das Geld knapp. Schlechte Zeiten für den Absatz großvolumiger Motorräder. Als Italiens Regierung Steuerermäßigungen für Motorräder unter 175 Kubikzentimer beschließt, muss auch Moto Guzzi reagieren. Die Antwort kommt 1932 in Form eines zierlichen Motorrades, dem Modell P 175.

Unverkennbar Moto Guzzi: Nach all den Erfolgen der zurückliegenden Jahre hat man das Grundkonzept, nämlich den liegenden Einzylindermotor mit dem angeblockten Dreigang-Getriebe, beibehalten. Auf den ersten Blick sieht der OHV-Motor seinem

„Wo geht's denn hier zum Lago di Como?"

Ein schöner Rücken…

Die Modelle Tourismo hatten nach dem Zweiten Weltkrieg zunächst hydraulische Federbeine

In diesen Rohren verbergen sich die Federpakete der Hinterradschwinge

schnellen Rennkollegen zum Verwechseln ähnlich. In dem Schutzrohr, in dem sich bei den Rennmaschinen die Königswelle verbirgt, arbeiten bei dem 175er Motor allerdings nur zwei Stoßstangen.

1934 erweitert die Regierung die Steuervergünstigungen bis 250 Kubikzentimeter, worauf Moto Guzzi die P 250 auf den Markt bringt. Der Motor entspricht weitgehend dem der P 175, hat jedoch eine um 9 Millimeter größere Zylinderbohrung. Die P 250, die bereits einen Rahmen mit Hinterradfederung besitzt, gilt heute als das Urmodell der zwischen 1939 und 1957 gebauten „Airone".

Ansichten einer Airone, Baujahr 1947

Die tollen Scherendämpfer...

So wie die Firma Opel ab Mitte der Dreißiger Jahre ihre Automodelle mit Marinetiteln (Kadett, Kapitän, Admiral) schmückt und später Volkswagen Namen von Wüstenwinden (Golf, Passat, Scirocco) wählt, so entscheidet sich Moto Guzzi für Vogelarten. Airone (Reiher) und Falcone (Falke) heißen die 250er bzw. 500er Serienmodelle, Albatros und Condor die schnellen Rennvarianten.

Die ersten 250er Airone-Modelle, die vor Beginn des Zweiten Weltkrieges hergestellt werden, haben den Rohrrahmen und die aus Rohr gefertigten Parallelogramm-Gabeln der P 250.

Da auch Moto Guzzi während der Kriegsjahre Rüstungsgüter produziert, werden Zivil-Motorräder erst wieder ab 1945 gebaut.

Die Airone erhält ein komplett überarbeitetes Fahrwerk, das nicht mehr aus Rohr sondern aus Pressprofilen besteht. Leider fällt dieser Modernisierungsmaßnahme auch die schöne Rohrgabel zum Opfer. Die Gabelscheiben aus Pressprofilen sind eben viel einfacher und kostengünstiger herzustellen. Die Idee ist nicht neu.

Bereits Ernst Neumann Neander hatte seine revolutionären Motorräder in der zweiten Hälfte der Zwanziger Jahre aus Stahlprofilen hergestellt. Statt der aufwendigen Schweiß- und Lötarbeiten wurden die einzelnen Rahmenelemente miteinander vernietet und verschraubt. Und diese Idee machte sich Moto Guzzi bei den neuen 250er „Reihern" zu Nutze. Selbst die als Dreiecksverband ausgebildete Hinterradschwinge ist aus Stahlblech gepresst. Lange Zuganker sind an ihrem unteren Ende eingehängt, die beim Einfedern der Schwinge die unter dem Motor liegenden Federpakete zusammen drücken. Die Dämpfung lässt sich individuell durch beiderseits am Rahmenblech angebrachte Reibscheiben-Scherendämpfer einstellen.

Hatten die P-Modelle noch Dreiganggetriebe, so stehen dem Aironefahrer jetzt vier Gänge zur Verfügung. Bei einer Drehzahl von 4800 U/min leistet der, noch mit Gusskopf und offenen Haarnadelventilfedern ausgerüstete Motor 9,5 PS, die der Airone zu einer Endgeschwindigkeit von 95 km/h verhelfen.

Bei einem Hub-/Bohrungsverhältnis von nunmehr 70 x 64 Millimetern hat der Kurzhubmotor exakt 247 Kubikzentimeter Hubraum. Lichtmaschine und Zündmagnet bezieht Moto Guzzi von Marelli während der 22er Vergaser, wie es sich für ein italienisches Motorrad gehört, von Dell'Orto geliefert wird.

Die auf der rechten Seite des mit Trockensumpfschmierung ausgestatteten Motors montierte Zahnrad-Ölpumpe fördert überschüssiges Öl in einen Öltank, der unterhalb des 10,5 Liter fassenden Kraftstoffbehälter platziert ist.

Ab 1947 wird die Trapezgabel von einer hydraulischen Telegabel abgelöst, die Carlo Guzzi persönlich entwickelt hat. Die schönen und für die Moto Guzzi-

...und die großen Bremstrommeln blieben der Airone Sport vorbehalten

Modelle so typischen Scherendämpfer an der Hinterradschwinge müssen Öldruckstoßdämpfern weichen.

Ende 1948 erhält der Motor einen überarbeiteten Zylinderkopf. Die Haarnadelfedern sind nur gekapselt, Zylinder und Kopf sind aus Aluminium.

Neben dem Standardmodell „Turismo" hält das Werk für sportlich ambitionierte Fahrer die Airone „Sport" bereit.

Mit einem um 3 Millimeter größeren 25er Dell'Oro-SS-Vergaser und höherer Verdichtung leistet der Motor 13,5 PS bei 6000 U/min. Die vom Werk angegebene Höchstgeschwindigkeit steigt für das 135-kg-Motorrad auf 120 km/h. Doch die Modifikationen beschränken sich keineswegs nur auf die

Motoren. Die sportliche Variante erhält neben einem Rohrrahmen edle Aluminium-Hochschulterfelgen, größere, mit Kühlrippen versehene Bremstrommeln, einen Sportlenker und an Stelle der kleinen Gepäckbrücke ein hübsches „Rennbrötchen". Und weil die 250er Rennmodelle immer noch mit den Scherendämpfern von Sieg zu Sieg eilen, wird dem vielfachen Kundenwunsch entsprochen und das Sportmodell wieder damit ausgeliefert.

Auf den ersten Blick sind die Airone Sport kaum noch von den großen 500er Falcone-Modellen zu unterscheiden. Lediglich die deutlich kleinere Schwungscheibe auf der linken und die kurze gedrungene Auspuffanlage auf der rechten Fahrzeugseite verraten dem Kenner auf den ersten Blick, dass er eine Airone vor sich hat.

Ab 1952 erhält auch die Turismo das neue Fahrgestell. Mit weiteren kleineren Modifikationen wird dieses Viertellitermodell bis zum Jahre 1957 produziert.

Während das Bauprinzip des liegenden Einzylinders bei den 500er Modellen noch bis 1976 weiterlebt, hat das Nachfolgemodell der hübsche Airone nur noch wenig mit der Vorgängerin gemeinsam. Mit Doppelschleifen-Rohrrahmen, Sitzbank und einem zumindest optisch an die NSU Max erinnernden OHC-Motor stellt die „Lodola" das Motorrad einer neuen Zeit dar.

Mit dem geschlossenen Alukopf fuhren die Guzzis in die Fünfzigerjahre. Nach Entfernen des Verschlussstopfers konnten bequem die Ventile eingestellt werden

Zylinder und Zylinderkopf nach der Demontage

Kurbelwelle, Kolben und ein Pleuel mit geteiltem Fuß

Die Kupplung besteht aus Stahl- und Messingblech-Lamellen

Trotz ihrer unzähligen Erfolge im Rennsport und einem makellosen Image – („...waren immer sehr sauber gemacht, haben lange gehalten und gehörten schon vor dem Kriege zu den Maschinen mit besonders guter Straßenlage") – haben die schönen Roten nur selten den Weg zu Käufern jenseits der Alpen gefunden. In Mitteleuropa waren zwar zweimal Ansätze zu einem Import bzw. einigen Generalvertretungen vorhanden, es wurden aber nur Einzelstücke verkauft. Erst durch die Ereignisse im Zusammenhang mit dem Kriegsende wurden eine Menge nach Österreich gebracht. In den Zwanziger und Dreißiger Jahren wurde die Marke außerhalb Italiens noch am stärksten in der Schweiz gefahren. Einer der Gründe, warum die Fahrzeuge aus Mandello del Lario in Deutschland keine Verbreitung fanden, dürften die vergleichsweise hohen Preisen gewesen sein.

Ein Vergleich aus den frühen Fünfziger Jahren macht das besonders deutlich.

Marke/Modell	1951	1952	1953
BMW R25	1920,00	2060,00	2060,00
DKW RT 250	---	1825,00	1825,00
NSU OSL 251	1515,00	---	---
NSU Max	---	---	1990,00
Triumph 250 BDGH	1650,00	1840,00	1840,00
Moto Guzzi Airone Turismo	2330,00	2500,00	2500,00
Moto Guzzi Airone Sport	2430,00	2600,00	2600,00

Wer sich heute für eine Airone interessiert, hat die besten Chancen auf einem der zahlreichen Veteranenmärkte Oberitaliens. Aber auch auf den größeren Oldtimermärkten in unserem Lande findet sich hin und wieder ein brauchbares Modell im Angebot. Während für die 500er Guzzi-Modelle der Ausverkauf bereits vor 15 bis 20 Jahren begann und die 250er weniger Beachtung finden, erfreuen sich heute auch die Airone zunehmender Beliebtheit.

Für eine R 25, eine Max oder eine Airone gilt eines gemeinsam: Wer heute ein restauriertes Exemplar zum einstigen Neupreis angeboten bekommt, sollte nicht lange überlegen. Die Ersatzversorgung, selbst für die Airone aus dem sonnigen Süden, ist gut. Wie für die deutschen Klassiker gibt's nachgefertigte Verschleißteile bei den entsprechenden Markenclubs.

Wer eine gut gemachte Airone zum „Draufsetzen und Losfahr'n" möchte, studiert am Besten den Anzeigenteil in der einen oder anderen Fachzeitschrift. Aber mit dem dreifachen Neupreis muss er da schon rechnen. Viel Erfolg, es lohnt sich...

Die KTM-Story

von Helmut Krackowizer

KTM – der einzige überlebende österreichische Motorrad-Produzent, 1953 mit bescheidenen, jedoch technisch zukunftsweisenden Motorrädern am österreichischen Markt erschienen, hat seitdem eine faszinierende Firmengeschichte hinter sich gebracht und ist heute der größte Produzent von Geländesport- und Off-Road-Motorrädern Europas. 1991 in Konkurs gegangen und unter neuen, innovativen Besitzern zu einer Jahresproduktion von etwa 40 000 Geländesportmaschinen angewachsen, hat KTM zu Beginn des Jahres 2001 den größten sportlichen Erfolg eingefahren. Mit einem fünffach Sieg in der berühmt berüchtigten Rallye Paris-Dakar hat KTM den weltweiten Gipfel des Offroad-Sports erklommen. Ein Grund mehr die Firmengeschichte, der in Mattighofen in Oberösterreich beheimateten Firma von ihren Anfängen an aufzuzeichnen.

Nicht nur japanische Firmen geben ein Beispiel dafür, wie man mit unternehmerischer Initiative, technischem Wissen und profunden kaufmännischen Fähigkeiten innerhalb von einem Jahrzehnt am Motorradmarkt eine beachtliche Position erringen kann. Solche Paradebeispiele gibt es auch in Europa, und eine Firma, die man unbedingt dazu zählen muß, ist die österreichische Marke KTM.

Obwohl sie erst 1953 als Motorrad-Produzent auf den Plan trat und sich nicht vor Ende der sechziger Jahre intensiv mit Off-Road-Maschinen befaßte, ist KTM heute der größte europäische Produzent von

Erwin Lechner mit seiner 125 ccm Doppel-Nocken-KTM, mit der er 1956 180 km/h erreicht

KTM entwickelt einen neuen Rennmotor, 1955

Gelänesport- und Moto-Cross-Motorrädern. Nach Puch ist nunmehr KTM die österreichische Zweirad-Firma, deren Name in der ganzen Welt bekannt ist. Daneben produziert(e) KTM auch beträchtliche Stückzahlen von Mopeds und Moped-Rollern und Fahrrädern.

Die Wurzeln von KTM gehen jedoch schon auf die Vorkriegsjahre zurück. 1934 gründete der Innviertler Hans Trunkenpolz am Marktplatz von Mattighofen, einem blühenden Städtchen in Oberösterreich – etwa 40 Kilometer nordöstlich von Salzburg gelegen – eine Schlosserwerkstätte, die sich jedoch bald überwiegend mit der Reparatur von Motorrädern und Automobilen befaßte. 1937 übernahm der tüchtige Schlossermeister Trunkenpolz auch den Verkauf von DKW-Motorrädern und 1938 kam auch noch die Automarke Opel dazu. Das veranlaßte ihn zum ersten Umzug seines noch jungen Unternehmens in eine größere Werkstätte am Mühlweg. Dorthin nahm er damals schon fünf Mitarbeiter mit.

Während des Krieges, den der Firmengründer vier Jahre lang bei der Deutschen Wehrmacht verbrachte, führte seine Frau den Betrieb, der sich inzwischen auf die Instandsetzung von Diesel-Motoren für Wehrmachtsfahrzeuge spezialisiert hatte. Schon 1944 wurde deshalb die Werstätte am Mühlweg durch einen Neubau einer 700 m^2 großen Halle erweitert, die es bald nach Kriegsende ermöglichte, eine Belegschaft von 35 Mann mit der Instandsetzung von, für den Wiederaufbau dringend benötigten, Lastkraftwagen zu beschäftigen.

1947 mußte eine weitere Halle hinzugefügt werden, um einer bescheidenen Neuanfertigung von Ersatzteilen für LKWs Platz zu verschaffen. 1948 wurde eine Gesenkschmiede errichtet und mit der Fertigung von Blei-Bronze-Lagern für Diesel-Motoren begonnen. Der Beschäftigtenstand war inzwischen auf 70 Personen gestiegen.

1950 erreichte die nachkriegsbedingte KFZ-Teilefertigung ihren Höhepunkt und begann durch das Anlaufen der sich erholenden Großindustrie wieder abzubröckeln. Das war Anlaß für den stets von Ideen strotzenden Hans Trunkenpolz, nach neuen, zukunftsträchtigeren Produkten Ausschau zu halten.

1953 bis 1964

Da er immer schon ein begeisterter Motorradfahrer war, war er bald von der Idee gefesselt, selbst Motorräder herzustellen. 1952 beginnt die Idee des eigenen Motorrades Gestalt anzunehmen, und ein Jahr später stand der erste Prototyp mit einem 98-cm^3-Sachs-Motor aus den Gunskirchener Rotax-Werken auf den Rädern. Er feiert unter der Bezeichnung „Moser-KTM 100" auf der Wiener Frühjahrsmesse 1953 Premiere – eine neue österreichische Motorradmarke war geboren!

Der Name Moser kam daher, weil Hans Trunkenpolz damals der „Co" der Firma Moser & Co war. Das war eine Firmenkonstellation, die in der Nachkriegszeit den Firmengründer dazu verhielt, einen Konzessionsträger in seine bereits fast zwanzig Jahre alte Firma aufzunehmen. Der Name KTM war hingegen schon existent, ehe noch der 1955 neu hinzu kommende Kompagnon Ernst Kronreif in die Firma eintrat und das K des dann langjährig gültigen vollen Firmen-Wortlauts „KTM-Motorfahrzeugbau KG, Kronreif & Trunkenpolz" beisteuerte. KTM bedeutete vorher „Kraftfahrzeuge Trunkenpolz, Mattighofen".

1954 stellte Hans Trunkenpolz die KFZ-Teilfertigung ein und begann mit rund 80 Mitarbeitern in Schalen, Erlach, unweit von Mattighofen, in Räumlichkeiten, die vorher von einer Waagen-Fabrik belegt waren, mit der Fertigung und Montage des ersten KTM-Leichtmotorrads, das dem damals üblichen technischen Standard entsprach. An der „KTM R 100" waren jedoch einige besonders fortschrittliche technische Details zu entdecken, wie etwa die

Leichtmetall-Vollnabenbremsen mit Ausfall-Steckachsen und die Teleskopgabel am Vorderrad.

Als Motor wurde der von Rotax-Gunskirchen gefertigte 98-cm³-Fichtel & Sachs-Motor mit 3 PS Leistung eingebaut, den dieser während des Krieges nach Österreich verlagerte Zweigbetrieb des Schweinfurter Konzerns als Aggregat-Motor nach 1945 weiterbaute. Er besaß deshalb nicht, wie bei Leichtmotorrädern üblich, einen Kickstarter, sondern einen mit der Hand zu bedienenden Seilzug-Starter. Das ganze, bald in zwei Ausstattungsvarianten gebaute Fahrzeug wog 61 kg und lief etwa 60 km/h Spitze. Der Preis der Luxusversion betrug öS 6 500,-.

Es dauerte nicht lange, da gab es schon ein weiteres, größeres KTM-Modell, die „R 125 Tourist" mit 125-cm³/6,1-PS-Dreigang-Motor, ebenfalls von Rotax geliefert, der bereits für eine Spitze von 90 km/h sorgte. Dieses Modell erschien, zunächst noch nicht käuflich, 1954 bei der Österreichischen Alpenfahrt und kam dann 1955 auf den Markt, gerade zur Zeit, als sich der bei Rif, nahe Hallein, ansässige Geschäftsmann Ernst Kronreif als Geschäftspartner in Mattighofen einfand.

Die Firma Moser & Co wurde nun in die Firma „Motorradfabrik KTM, Kronreif & Trunkenpolz" umgewandelt. Die Tagesproduktion betrug damals etwa 20 Fahrzeuge.

Das KTM-Modell „R 125 Tourist" war ein großer Schritt nach vorne. Es besaß nicht nur einen fußgeschalteten Dreigang-Motor wie der 98-cm³-Motor eine Fichtel & Sachs-Lizenz-Fertigung von Rotax, sondern auch eine Hinterradschwinge mit Federbeinen. Das Fahrzeug sah auch sehr gut aus und hatte die Hinterradkette voll verkapselt, was damals an einem Leichtmotorrad nicht üblich war.

KTM entwickelte unter ihren beiden dynamischen Bannerträgern Kronreif und Trunkenpolz alsbald auch eine rege Sporttätigkeit, um den Namen KTM in der Öffentlichkeit bekannt zu machen. Dazu wurden nicht nur Wettbewerbsversionen der beiden Serien-Modelle mit „friesierten" Rotax-Motoren eingesetzt, sondern in Straßen- und Bergrennen auch Fahrzeuge, deren Viertakt-OHC-Motor von der italienischen Firma MV-Agusta stammte. Entgegen dem Serienfahrgestell hatten diese, bereits in der Saison 1955 zum Einsatz kommenden, KTM-Straßen-Renner anstelle der Vorderrad-Teleskopgabel Langarmschwingen.

Für das bedeutenste Rennen des Jahres in Österreich, das erste Rupert-Hollaus-Gedächtnis-Rennen, das am 1. Mai 1955 auf dem alten Autobahn-Rundkurs Salzburg-Liefering ausgetragen wurde, hatte KTM seine Werkmaschinen auch mit einer Vollverkleidung versehen. Mit diesen Fahrzeugen belegten die Fahrer Paul Schwarz und Erich Trunkenpolz, der

KTM 125 Rennmodell, 1955

Moser KTM 100, 1953

Sohn des Firmengründers und spätere Firmenchef, die Plätze eins und zwei. Paul Schwarz wurde wenig später beim Internationalen Solitude Rennen bei Stuttgart in einem illustren Fahrerfeld mit der damals in Deutschland noch völlig unbekannten Marke vierter.

Diese Sporterfolge, zu welchen sich noch jene von Erwin Lechner im Geländesport hinzugesellten, trugen viel mit dazu bei, daß es bei KTM zu einer Zeit aufwärts ging, in der sich bereits die erste Rezession der Zweiradbranche nach 1945 langsam abzeichnete. Die Tagesproduktion stieg in Mattighofen auf 30 Fahrzeuge und die Belegschaft auf 130 Mitarbeiter. KTM hatte sich so gerade noch rechtzeitig auf die hochgehende Woge der Zweiradkonjunktur geschwungen, ehe diese 1956, in Österreich auch durch die Liberalisierung der Automobil-Importe bedingt, zum Abwärtstrend ansetzte. KTM stemmte sich mit Erfolg dieser Entwicklung entgegen. Auf der Motorradseite wurde durch intensive Sporttätigkeit geworben und gleichzeitig die Modell-palette durch Geländesport-Versionen erweitert. Hinzu kam 1956 jedoch auch ein völlig neues Fahrzeug, der Motorroller „Mirabell" mit 12-Zoll-Rädern und dem bereits im „R 125 Tourist" bewährten 6-PS-Rotax-Sachs-Motor. Das Fahrgestell bestand aus einem Doppelschleifenrahmen mit rechteckigen Stahlprofilen und Langarmschwingen an beiden Rädern.

Die Firma beschäftigte nunmehr schon 170 Arbeitskräfte und produzierte monatlich zwischen 500 und 600 Fahrzeuge. Für die Sraßenrenntätigkeit hatte KTM inzwischen den aus Graz stammenden Konstrukteur Ing. Ludwig Apfelbeck engagiert, der auf der Basis der 125-cm³-MV-Triebwerke einen Doppelnocken-Rennmotor baute, der mit etwa 18 PS Leistung bei 12 000 Touren für weitere, auch internationale Erfolge sorgte.

1957 kam dann noch ein 50-cm³-Moped-Roller „Mecky" hinzu, der es innerhalb von zwei Jahren auf rund 8 000 produzierte Einheiten brachte. Ebenso viele Exemplare der zwischen 1957 und 1959 erzeugten Viergang-125-Modelle „Trophy", „Tarzan" und „Mustang" verließen das Werk in Mattighofen, nachdem es die ersten Dreigang-Modelle „Tourist" und „Grand Tourist" auf rund 9 000 Stück gebracht hatten. Vom ersten Modell R 100 waren etwa 1 000 Stück gebaut worden.

Den Trend der Zeit konnte KTM jedoch nicht aufhalten. 1959 wurde die Firma zusätzlich vom Tod ihres rührigen, am Vertriebssektor unermüdlich agierenden Gesellschafters Ernst Kronreif getroffen. Seine Gesellschaftsanteile übernahm daraufhin KR Karl Zizala, der mit seiner Firma ZKW der größte Zulieferer von KTM geworden war. Die Firma KTM wurde nun als OHG weiter geführt und stellte schließlich 1960, am Höhepunkt der weltweiten Zweiradkrise, die Motorrad-Produktion ein. Das einzige verbleibende „Standbein" am Markt war nun ausschließlich die Moped-Produktion.

Gleichzeitig zog KTM auch in neue Betriebsanlagen an der Harlochnerstraße, direkt in Mattighofen, um. Sie sollten sich schließlich zur endgültigen Heimstätte der ab Mitte der sechziger Jahre wieder langsam und dann ab den siebziger Jahren rasch expandierenden Firma entwickeln. Die ursprüngliche Fertigungsfläche betrug damals 1 400 m^2 – heute sind es rund 17 000 m^2.

Der Weg von KTM durch die sechziger Jahre war steinig. Nach dem 1959 verstorbenen „Verkaufs-Motor" der Firma, Gesellschafter Ernst Kronreif, wurde 1962 der Firmengründer Hans Trunkenpolz plötzlich aus der Mitte seiner, gegen den Tiefgang der Zweiradbranche ankämpfenden Firma gerissen. KTM wurde in eine Kommanditgesellschaft umgewandelt, in welcher der erst 30jährige Sohn des Firmengründers, Erich Trunkenpolz, als persönlich haftender Komplementär die Geschäftsleitung übernahm.

Schon 1961 war die Serienfertigung des Moped-Rollers „Ponny I" angelaufen, der vor allem im Export nach der Bundesrepublik Deutschland gute Verkaufszahlen brachte und dort von der Karlsruher Handelsfirma Gritzner & Kaiser vertrieben wurde. 1962 ging dann die wesentlich verbesserte Version des Rollers, „Ponny II" genannt, in Produktion, und mit ihm zeichnete sich die langsame Erholung der finanziell strapazierten Firma ab, die dann planmäßig über die ganzen sechziger Jahre hinweg wuchs. Der Umsatz stieg von 48 Millionen Schilling bei 180 Mitarbeitern im Jahre 1962 auf über 100 Mio. im Jahre 1963. Die Mitarbeiterzahl nahm auf 220 zu.

1964 stellte KTM wieder ein neues Fahrzeug vor und nahm es auch gleich in Produktion – das Kleinkraftrad „Comet", das im Inland, mit Tretpedalen versehen, auch als Moped gut verkauft werden konnte. Im selben Jahr begann KTM auch Fahrräder herzustellen, um sich von dem stark schwankenden, von der schönen Jahreszeit abhängigen Geschäft mit Motorfahrzeugen unabhängiger zu machen.

1964 wurden bereits 35 094 Fahrräder in Mattighofen erzeugt, und das Sportmoped „Comet" lief mit 1 002 Exemplaren an. Gleichzeitig konnte KTM auch in der Schweiz Fuß fassen, so daß das Jahr 1964 mit einem Umsatz von 138 Mio. Schilling abschloß. Knapp zehn Prozent davon kamen aus dem Exportgeschäft.

KTM 100, das erste 1954 produzierte Leichtmotorrad

KTM Tourist mit Sachs-Motor, 1955 (oben). KTM-Rennmodelle, in der Mitte Erich Trunkenpolz, 1955 (unten)

KTM-Mannschaft 1953 mit dem ersten KTM Modell 100 mit Rotax-Sachs-Motor (oben). KTM 125 ccm mit Dreigang-Sachs-Motor, ca. 1955/56 (unten)

KTM Trophy 125 und Mirabell-Roller, 1956 (oben), KTM Tarzan, 1956 (unten links) und Mirabell-Roller in Wien, 1956

KTM Tarzan 125, 1957 (oben) und KTM 125 Racing Maschine auf MV Agusta-Basis

KTM-Roller Mecky mit Sachs-Motor, 1957

Zur IFMA 1960 erscheint das 50 ccm KTM-Moped mit Doppelscheinwerfern, die auch als Blinker dienen

KTM R 125 mit Sachs-Motor, 1957 (oben). Klassensieger Erwin Lechner auf KTM am Stotzinger Berg, 1958 (rechts)

1966 bis 1989

Die weiteren Jahre von KTM waren durch folgende wichtige Stationen markiert: 1965 begann die Firma wieder in bescheidenem Maße im Motorsport aktiv zu werden. 1966 kamen die bisher ausschließlich exportierten Fahrräder auch am Inlandmarkt zum Verkauf. 1967 wurde der dringend erforderliche Ausbau der Farbrik in Angriff genommen und eine Halle mit 3 000 m^2 Grundfläche errichtet, in die Montage und Versand umzogen.

1969 lief die Produktion des wesentlich verbesserten Mofas „Hobby" in vollem Umfang an, und auch das „Comet" lief in steigenden Stückzahlen vom Band. Der Umsatz stieg weiter auf 170 Mio. Schilling. Auch die Motorrad-Produktion war wieder in Schwung gekommen.

In den Jahren ab 1965 beteiligte sich KTM wieder in zunehmendem Maße am Geländesport. In den Gründerjahren zwischen 1955 und 1961 war es vor allem Erwin Lechner, der allein sieben von insgesamt neun Staatsmeistertiteln im Renn- und Gelände-Sport für KTM gesammelt hatte. 1965 kamen nun Toni Kiemeswenger, Herbert Sommerauer und Hannes Meisenbichler auf KTM zu neuen Erfolgen.

1966 gab es erstmals in den „Six Days", die in Schweden ausgetragen wurden, drei mal Gold für KTM mit 50-cm^3-Maschinen. Zwei Jahre später wiederholte KTM in Italien in der Internationalen Sechs-Tage-Fahrt seinen dreifachen Goldmedaillen-Erfolg in der 125-cm^3-Klasse.

Im selben Jahr wurde der Linzer Siegfried Stuhlberger, der neu zur KTM-Truppe gestoßen war, Moto-Cross-Staatsmeister der 50-cm^3-Klasse mit einem von ihm selbst getunten Motor, dessen knapp 9 PS Leistung oft reichten, um auch in der 125-cm^3-Klasse zu gewinnen. Mit seiner Zylinder-Entwicklung auf der Basis der 125-cm^3-Fichtel & Sachs-Motoren legte er den Grundstein zur eigenen Versuchs- bzw. Sportabteilung von KTM, in der 1970 dann ein eigener Motorrad-Motor entstand.

1969 waren es in Garmisch-Partenkirchen bei der Sechs-Tage-Fahrt bereits vier Goldmedaillen, die KTM-Fahrer nach Hause brachten, und Stuhlberger wiederholte seinen Erfolg in der Moto-Cross-Staatsmeisterschaft 50 cm^3. Auch in Italien und Finnland kam KTM zu nationalen Geländemeister-Titeln.

Die 1970 wesentlich erweiterte Versuchsabteilung und das Konstruktionsbüro hatten inzwischen auf den eigenen Motor schon einen 250-cm^3-Zylin-

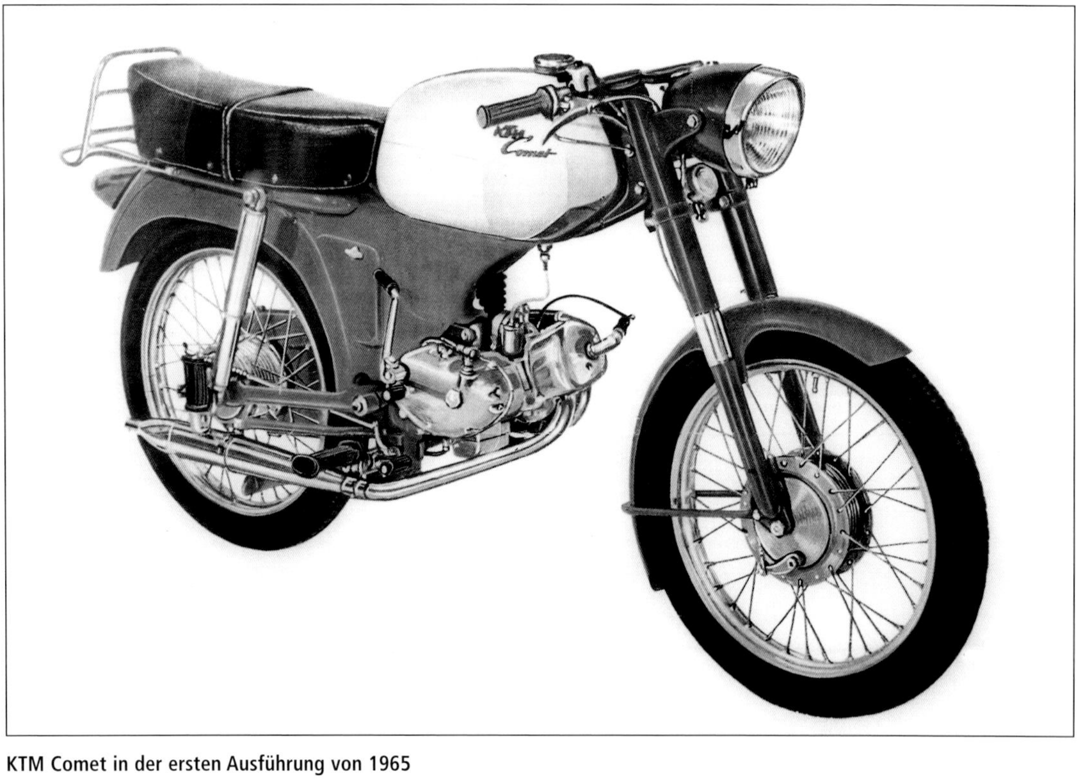

KTM Comet in der ersten Ausführung von 1965

KTM Motocrossmaschine Penton 125, 1970

KTM Penton Six Days mit neuem 125 ccm Sachs-Motor, 1970

Die KTM Penton Motocrossmaschine ist auf der IFMA 1970 das Paradestück

der aufgesetzt, mit dem Manfred Klerr die Viertelliter-Moto-Cross-Staatsmeisterschaft gewann.

In Produktion war im selben Jahr jedoch erst die 125-cm³-„KTM-Penton" gegangen, deren Sachs-Motor mit KTM-Frisur satte 18 PS Leistung brachte. Dieses Motorrad wurde ausschließlich über den Ozean nach den USA geliefert. Das Erschließen des größten, zu dieser Zeit besonders stark expandierenden Motorradmarktes kam folgendermaßen zustande.

John Penton, ein in Amhurst-Cleveland (Ohio) seßhafter Motorradhändler, derselbst und mit seinen Söhnen aktiver Geländefahrer war, suchte im Herbst 1967 am Mailänder Salon einen Erzeuger, der bereit war, ein Geländesport-Motorrad zu bauen, wie er es sich vorstellte. KTM schlug ihm vor, nach Österreich zu kommen, um gemeinsam mit ihm sein „Wunsch-Motorrad" auf die Räder zu stellen.

Der Amerikaner ließ sich daraufhin für einige Wochen in Mattighofen nieder und schneiderte unter der Leitung von Ing. Morawetz und Sigi Stuhlberger die erste „KTM-Penton" nach Maß. Zufrieden über seinen Erfolg flog er nach Hause und bestellte die ersten tausend Stück. Es wurde jedoch Herbst 1968, ehe diesem neuen Geländesportmodell mit 125-cm³-Sachs-Motor aus Österreich der große Durchbruch in der Internationalen Sechs-Tage-Fahrt in Italien gelang. Die US-Silbervasen-Mannschaft schnitt hervorragend ab.

1970 wurde ein auf 175 cm³ vergrößerter eigener Motor vorbereitet, der 1971 in Produktion ging und den Amerika-Export in die Höhe schnellen ließ. Schon 1970 wurden rund 3 000 Geländesport-Maschinen nach den USA verfrachtet. In Spanien gab es im selben Jahr weitere sechs Six-Days-Goldmedaillen.

1971 stellte sich neben Mr. Penton auch aus Italien ein sportbesessener KTM-Importeur ein, Arnoldo Farioli. Auch er wollte größere und stärkere Geländesport-Modelle aus Mattighofen. So wuchs aus dem ursprünglich nur 175 cm³ großen Motor eine Viertelliter-Ausgabe.

1971 gewann Sigi Lerner bereits auf einer 380 cm³ großen Prototyp-Ausführung den Halbliter-MC-Staatsmeistertitel und zeigte, wohin die Entwicklung des ausbaufähigen KTM-Motors noch gehen sollte, ohne daß seine Grundkonstruktion verändert werden mußte. KTM war so über den Geländesport wieder ein namhafter Motorradproduzent geworden.

1972 kam die Motorrad-Produktion erst richtig in Schwung. Die Stückzahl der bis Jahresende produzierten Maschinen, die in erster Linie nach den USA und Italien geliefert wurden, schnellte auf 8 131 hinauf. Der Gesamtumsatz kletterte auf 325 Mio. Schilling und die Zahl der Mitarbeiter auf über 400.

Auch die Moped-Produktion der „Comet"-Reihe lag erstmals über der 10 000er Grenze, genau bei 11 939 Stück. Dazu kamen noch über 20 000 Fahrrähder, 14 140 Mofas und 2 303 Moped-Roller. Während 1973 die Motorrad-Produktion durch die Ausweitung des Modellangebots von 100, 125, 175, 250 bis 400 cm³ Hubraum weiter wuchs, gingen erstmals die Zahlen der verkauften Sport-Mopeds, Mopeds und Roller zurück. Man ließ sich deshalb bei KTM etwas Neues einfallen: Druckgussräder für die Sport-Mopeds. Sie waren eine echte Sensation und verbesserten sofort das Inlandsgeschäft spürbar.

Trotzdem erlebte die Zweiradbranche und mit ihr auch KTM 1974 und auch 1975 zwei harte Jahre. Sie wurden jedoch durch den erstmals 1974 vom Sowjetrussen Moissev errungenen Moto-Cross-Weltmeistertitel „versüßt". 1974 hielten sich die Produktionszahlen noch. Die „Off-Road"-Motorräder erreichen sogar fast die 10 000-Stück-Grenze, doch 1975 gab es für motorisierte Zweiräder eine echte Rezession.

Auch bei KTM war der Rückgang merkbar. Die Motorräder erreichten nur 7 546 Stück, die Sport-Mopeds gingen weiter zurück, und besonders stark war der Rückgang bei den Mofas, die nicht einmal die halbe Stückzahl des Vorjahres erreichten.

In dieser Zeit wuchs der Plan, in der Deutschen Bundesrepublik eine eigene Verkaufsorganisation aufzubauen. 1976 erfolgte in Simbach am Inn die Gründung der „Deutschen KTM-Vertriebs KG", und mit ihr gingen die Produktionszahlen wieder aufwärts. Der Umsatz überschritt erstmals die 500-Mio.-Grenze. Mehr als 11 000 Motorräder, fast 12 000 Sport-Mopeds und über 10 000 Mofas wurden hergestellt. In Mattighofen wuchs das Areal der Fabrik weiter um 1 200 m² für die Entwicklungsabteilung und um 3 500 m² für die Erweiterung der Fahrzeug- und Motoren-Montage sowie für den Versand.

1977 gewann KTM neuerlich die 250-cm³-Moto-Cross-Weltmeisterschaft und wurde auch Marktweltmeister. Gleichzeitig entstand in Mattighofen ein neues Zweigwerk auf einem Gelände von 30 000 m² Größe. Der Umsatz erreichte 600 Mio. Schilling.

1978 wurde das Werk II im Westen von Mattighofen seiner Bestimmung übergeben. Es beinhaltete das Ersatzteillager und das Lager für fertige Fahrzeuge. KTM übernahm nun auch in den USA selbst den Vertrieb und gründete dazu in Lorain (Ohio) seine zweite Tochterfirma, die „KTM America-Inc.".

Am Sportsektor brachte das sowjet-russische Moto-Cross-Team den dritten Weltmeistertitel auf KTM nach Österreich. Auch im Geländesport riß die

Manfred Klerr auf der KTM 250er Motocross-Maschine, 1970

KTM Geländesport-Moped „Comet Cross"mit 50 ccm, 1971

Erfolgsserie von KTM nicht ab. Von den Mofa-Modellen waren inzwischen mehr als 200 000 Stück gebaut worden, von den Motorrollern mehr als 110 000, fast 116 000 Sport-Mopeds und fast 72 000 Geländesport-Motorräder. Verglichen mit den fünfziger Jahren hatte KTM zwanzig Jahre später eine gewaltige Aufwärtsentwicklung erlebt, die sich nicht nur in internationaler Anerkennung und Verkaufserfolgen niederschlug. Auch die KTM stand nie Still. 1979 ging eine neue Motorengeneration in Produktion, die von 125 bis 420 cm³ Hubraum reichte und KTM-Motorrädern weiterhin einen Spitzenplatz im internationalen Sportgeschehen sicherte. Die neuen Motoren waren leichter und stärker, als die in mehr als 75 000 Exemplaren erzeugten Motoren der ersten Generation.

1980 schied die Firma ZKW-Metallwarenfabrik als Mitgesellschafter aus, und Erich Trunkenpolz übernahm als geschäftsführender und persönlich haftender Gesellschafter den ZKW-Kapitalanteil von 50 Prozent. Damit war die Firma wieder ganz im Besitz der Familie Trunkenpolz. Der Umsatz erreichte 750 Mio. Schilling; die Mitarbeiterzahl war auf 700 gestiegen, der Exportanteil betrug fast genau drei Viertel des Umsatzes und war weiter steigend. 11 000 Motorräder, 45 000 Mopeds und 70 000 Fahrräder hatten bis zum Jahresende das Werk in Mattighofen verlassen. Ab 1982 begann die Entwicklung eines neuen KTM Viertakt-Motors und ein Jahr später eines eigenen Modells für das österreichische Bundesheer, nachdem sich bei Puch in Graz abzeichnete, daß von dort keine neuen Entwicklungen mehr zu erwarten waren.

1984 kam der vierte Moto-Cross-Weltmeistertitel in der Klasse bis 250 cm³ durch den Tiroler Heinz Kinigadner ins Haus, und auch der Serienbeginn eines Enduro-Mopeds mit KTM-Motor (GXE) war in diesem Jahr zu vermerken.

1986 war die Entwicklung und Serienübernahme der Auslaßsteuerung für die 125/250-cm³-Zweitakt Motoren zu vermerken, jedoch auch ein deutlicher Rückgang des Umsatzes auf öS 580 Mio. Das verstärkte die Bemühungen von KTM, die Produktpalette auszuweiten, was 1987 zur Produktion von Flüssigkeitskühlern für die europäische Automobilindustrie führte, welche jedoch mit großen technischen Schwierigkeiten anlief und mit zum wenige Jahre später folgenden finanziellen Niedergang von KTM beitrug. Auch die Serienfertigung des Viertakt-Einzylinder-Motors mit 560 cm³ und vier Ventilen fiel in das Jahr 1987. Der Umsatz stieg wieder auf öS 780 Mio. mit 618 Beschäftigten.

KTM Automatik-Moped Hobby 3 von 1974 (oben),
KTM 400 von 1976 (rechts) und KTM Comet Grand Prix
von 195 (unten)

KTM Sportmoped Comet RSL, 1977 (oben). Comet GP 50 RS von 1976 (unten)

KTM 125 Comet, 1977

Die Enduro „Bora 25" präsentiert KTM 1980 auf der IFMA in Köln

KTM 500 Viertaktmodell mit Elektrostarter, 1984

KTM 500, 1983

Der erste eigene KTM Viertaktmotor, 500 ccm, 1985/1987

1988 bis 2000

Aus 1988 ist nur das Ende der Roller-Produktion zu vermelden, ehe das geschichtsträchtige Jahr 1989 anbrach. Am sportlichen Sektor brachte es zwar noch eine Massierung der WM-Titel, so des sechsten Moto-Cross-WM-Titels in der 125-cm^3-Klasse durch den Amerikaner Trampas Rarker, den ersten Moto-Cross-WM-Titel in der Seitenwagenklasse durch das Schweizer Paar Hüsser/Hüsser und zum dritten Mal in Folge den Gewinn der Enduro-Europameisterschaft in den Klassen 125 und 250 cm^3.

Im Mai 1989 kam es dann aufgrund der finanziellen Lage von KTM zur Übernahme von 51 Prozent des Aktienkapitals durch die Giro Trust Holding von Dr. Josef Taus und zu der Produktion des 1 000 000-sten Fahrrads. Mit einem Mitarbeiterstand von 789 wurde 1990 – nach dem unerwarteten Tod des Firmen-Chefs Erich Trunkenpolz – zwar erstmals die Umsatzmilliarden überschritten, jedoch die Verschuldung nicht aufgehalten, sondern nur vergrößert. Die nunmehr von der GTH auch personell übernommene Firmenstrategie, vor allem im Bereich der Fahrradentwicklung und -produktion, wurde von branchekundigen Zeitgenossen als Fehlmanagement bezeichnet. Sie zwang die KTM-Fahrzeugbau-AG Ende des Jahres 1991 zur Anmeldung des Konkurses. Trotzdem gelang es in diesen beiden Jahren des „Niedergangs" KTM nochmals wertvolle Sporterfolge zu erringen. 1990 wurden die nunmehr zur Enduro-Weltmeisterschaft aufgewerteten Enduro-WM-Titel in der 125-cm^3-Klasse von Paul Edmonson (GB) und in der 500-cm^3-Klasse von Peter Hansson (S) gewonnen. 1991 kam noch ein weiterer Enduro-WM-Titel in der 125-cm^3-Klasse durch Jeff Nilsson (S) hinzu.

1992 war das Jahr der Neuorientierung der im Januar gegründeten KTM Sportmotorcycle GmbH, vor allem in der Motorradsparte. Der „notleidende" Zweig der überdimensionierten Fahrradfertigung wurde an einen Salzburger Fahrrad-Großhändler verkauft und auch die Kühlerproduktion wurde abgestoßen. An der Neuformation der für die Zukunft nur noch allein vorgesehenen Motorradproduktion beteiligten sich auch die KTM-Importeure der Schweiz, Italien und sogar der USA. Das neue Management wurde von Stefan Pierer geleitet, der dies bis in die Gegenwart inne hat.

Ab dem Jahr 1993 verzeichnete die schon 1994 in eine Aktiengesellschaft umgewandelte KTM Sportmotorcycle GmbH steigende Verkäufe und Umsätze.

KTM 125 von 1991

KTM 500 von 1991

Mit einem auf 212 Mitarbeiter reduzierten Beschäftigtenstand wird schon 1993 der Umsatz um 18 Prozent auf 430 Mio. öS gesteigert, und so geht es weiter, bis 1995/96 der Umsatz wieder die 1000-Millionen-Grenze mit über 16 000 verkauften Motorräder überstiegen hat.

Auch die sportlichen Erfolge der Marke reißen nicht ab. Es würde zu weit führen, wollte ich noch aus der zweiten Hälfte der neunziger Jahre alle sportlichen Erfolge von KTM aufzählen. Lassen wir es dabei, daß im Winter-Halbjahr 2000 auf 2001 die Mattighofener Motorradfirma ihren größten und bedeutensten Erfolg mit dem Gesamtsieg der Wüsten-Rallye „Paris-Dakar" einfahren konnte und dabei mit dem Einzylinder-Viertakt-Modell auch die ersten fünf Plätze belegte. Damit wurde deutlich unterstrichen, daß KTM im „Off Road" und auch im Moto-Cross-Sport gegenwärtig die Nummer 1 auf der Welt ist und allen Anschein nach diese Position auch weiter ausbauen wird.

Die Reihe ihrer erfolgsträchtigen Erzeugnisse basiert auf zwei Motor-Basis-Modellen, jenem der Gemisch-geschmierten Zweitakt-Motoren, die es mit 80, 125, 250 und 350 cm^3 Hubraum gibt und dem kopfgesteuerten Vierventil-Viertakt-Modell, das in 400, 520 und 640 cm^3 Hubraumgröße hergestellt wird. Je nach Verwendungszweck und auch Baujahr wurde die Optik, auch Styling genannt, geändert und reicht von Weiß-purple über Weiß-Blau und Mint zu Lila-Orange, Orange-Power bis Silber-Orange. Unter diesem Styling-Dach gibt es in den verschiedenen Hubraumklassen noch weitere Unterschiede in der Bestückung des Motors und Getriebes. Rein von der äußeren Optik her sind die Zweitakt-Modelle von den Viertakt-Modellen von KTM nur in der Auspuffführung zu unterscheiden.

Noch ein Blick in die nahe Zukunft! Um auch am sogenannten „Reise-Enduro"-Markt vertreten zu sein, ist bei KTM ein 950 cm^3 großes V-Zweizylinder-Modell in Vorbereitung, das auf der Münchner Intermot im Herbst 2000 vorgestellt wurde. Da es jedoch mit „Classic" nur die Verwandtschaft mit den ähnlich aufgebauten V-Zweizylinder-Modellen der großen Motorradfirmen zeigt, möchten wir es bei dieser Ankündigung belassen.

KTM 300 SX Zweitakt, 1992

KTM 600 Viertakt, 1992

DER
100 000.
MOTOR
MADE IN AUSTRIA

KMT 125 Supermoto, 2000

KTM LC4 Sixdays, 2000

Rumpelstilzchen auf Rädern

Der Golem-Roller von DKW

von Manfred Nabinger

Die Motorradgeschichte ist nicht gerade arm an unterschiedlichen Konstruktionen. Aus der Vielzahl der gebauten Maschinen heben die Historiker für gewöhnlich die besonders gut gelungenen Entwürfe, die Spitzenmodelle und Schönheitsköniginnen hervor. Ebenso interessant kann es aber sein, einen Blick auf Modelle zu werfen, die sich aus völlig entgegensetzten Gründen von der grauen Masse abheben. Zum Beispiel weil sie bizarre technische Lösungen realisieren oder weil es sich um kapitale – technische und kaufmännische – Fehlkonstruktionen handelt. Auf diese Weise erfährt man oftmals mehr über Zweirad- oder Verkehrsgeschichte als durch das Wiederkäuen großer Motorradmythen. Besonders interessant sind die Aschenputtel, die hässlichen Entlein der Zweiradgeschichte. Sie kommen gewöhnlich selten zu Wort und haben daher meist viel zu erzählen.

Um ein „hässliches Entlein" handelt es sich gewiß beim Golem-Roller von DKW. Vielleicht wäre „Gnom" die passendere Bezeichnung gewesen, aber so hieß schon ein Hilfsmotor aus den Columbus-Werken. Das merkwürdige Fahrzeug, von dem heute nur noch wenige Exemplare erhalten sind, wird hin und wieder in DKW-Historien erwähnt und abgebildet. Da es auf Anhieb keine Assoziationen an klassische Motorradformen erweckt, blättert man schnell weiter, bis man zu den „richtigen Motorrädern" kommt. Das Stilempfinden des einen oder anderen Betrachters ist durch den Anblick des kleinen Fahrzeugs nachhaltig verletzt, denn es unternimmt so gar nichts, um seine schockierende Hässlichkeit zu verbergen. Die Proportionen stimmen nicht, die winzigen Räder lassen es geradezu lächerlich erscheinen, alles wirkt zusammengebastelt, kaum etwas ist aufeinander abgestimmt. Und doch: dies war der erste Versuch einer Firma,nach Anfangserfolgen weiter auf

Restaurierter Golem-Roller von DKW

Zeitgenössische Abbildung des Golem

das Zweirad zu setzen und neues Terrain zu betreten. Nicht lange danach wurde DKW als größte Motorradfabrik der Welt bezeichnet.

Der Anfangserfolg war für DKW der Fahrrad-Hilfsmotor gewesen, der ab 1920 angeboten wurde und bald zu den besten und bekanntesten Konstruktionen dieser Art zählte. Hugo Ruppe hatte ihn konstruiert, der Zschopauer Fabrikant Jörn Skafte Rasmussen, ein gebürtiger Däne, der vorher mit Dampfarmaturen und anderem Gerät sein Geld gemacht hatte, in Produktion genommen. Ruppe kam aus einer Familie von Autopionieren, hatte schon vor dem Ersten Weltkrieg Auto- und Motorradmotoren konstruiert, eine eigene Automobilmarke mit dem Namen MAF geschaffen und in die Pleite geführt. Er wandte sich kleinen Triebwerken, vor allem den damals in Deutschland wenig beachteten Zweitaktern zu. Das Militär unterstützte ab 1914 seine Forschungen, denn man benötigte einfache Stationärtriebwerke für verschiedenste Zwecke. Nach dem Krieg entwickelte Ruppe aus einem Marine-Aggregat ein kleines motorisches Spielzeug von 18 ccm Hubraum, das von Rasmussen unter dem Namen „Des Knaben Wunsch" angeboten wurde. So konnte er die alten Initialen aus der Zeit seiner Dampf-Kraft-Wagen übernehmen.

Damit waren Ruppes Ehrgeiz und Rasmussens Geschäftssinn aber gewiss noch nicht befriedigt. Ein geeignetes Feld für weitere Betätigung bot sich auf dem Feld der Motorisierung des Fahrrades an. Das Fahrrad hatte sich in den Jahren vor dem Krieg von einem exklusiven Freizeit-Spielzeug der Oberschicht zu einem anerkannten und stark verbreiteten Verkehrsmittel entwickelt. Nun stand seine Motorisierung an. Denn in der kargen Nachkriegszeit waren ausgewachsene Motorräder zu teuer, Autos sowieso indiskutabel. So kam es in ganz Europa zu hunderten von Ideen, wie man Fahrräder am besten mit einem Triebwerk versehen könnte. Als eine der erfolgreichsten Konstruktionen erwies sich Ruppes kleiner Zweitakter. Er war von 18 ccm auf 118 ccm aufgestockt worden, war ein Muster an Simplizität und besaß doch alles, was man benötigte: eine Primäruntersetzung, einen Schwungrad-Magnetzünder und einen einfachen schwimmerlosen Vergaser. Als „Arschwärmer" saß das Triebwerk über dem Hinterrad, welches es über einen Keilriemen antrieb. „Das kleine Wunder" nannten Rasmussens Werbeleute die Konstruktion, konnten so erneut die drei Anfangsbuchstaben der alten Initialen übernehmen und zur Markenbezeichnung DKW umformen. Gereimte Zwei- und Vierzeiler, damals in den meisten Annon-

DER „GOLEM“
das neue
Sessel-Motorrad
für alle Berufe
das beste Motorrad
Bequem
Leichtes Gewicht
Gefahrlos
Sturz ausgeschlossen
Geringster Brennstoffverbrauch: 1 Liter = 60 Kilometer
Der „Golem“ ist so leicht zu dirigieren wie ein gewöhnliches Fahrrad, es ist überall leicht unterzubringen (keine Garage) — Gewicht nur etwa 32 kg — daher stets zur Hand und stets fahrbereit!
Fabrikat der Zschopauer Maschinenfabrik J. S. Rasmussen.
Laufend lieferbar!
Alleinvertrieb:
EICHLER & Co., Berlin SW11
Bernburger Straße 23

Erster Motorroller und wohl auch Vorbild für den Golem...

...war dieser „Sesselroller“ aus Blois an der Loire, ab 1902 gebaut

cen zu finden und durchaus ein ernsthaftes Stilmittel, führten dem Publikum die Vorteile des neuen Produkts einprägsam vor Augen:

DKW- das kleine Wunder
läuft berghinauf wie berghinunter

Mit der Eisenbahn zu fahren,
dazu hab ich keine Zeit,
meine DKW ist schneller
und jederzeit bereit

So weit die Werbe-Theorie. In der Praxis war allerdings mancher Fahrradrahmen der Kraft des Ein-PS-Wunders nicht lange gewachsen. DKW lieferte deswegen bald eigene Rahmen, die an diversen Stellen verstärkt waren und zum Teil sogar doppelte Oberzüge und Federgabeln besaßen. Wer den Zweirad-Markt genau beobachtete konnte feststellen, dass der Trend immer stärker zu Spezial-Fahrgestellen ging. Dabei handelte sich zum einen um Rahmen mit Motorradcharakteristik (Leichtmotorräder), zum anderen um eine gänzlich andere Konstruktionsweise, die man heute als Vorläufer des Motorrollers betrachtet. Die Anregung dazu kam aus dem Ausland, aus den USA und Großbritannien. Dort hießen diese einfachen Fahrzeuge Scooter, verfügten über winzige Räder, eine Plattform zum Stehen oder Sitzen und kleine Motoren an Vorder- oder Hinterrad. Als Kraftläufer, Motorläufer, Motorschuh oder Stadtdiener wurden sie in Deutschland bekannt und kopiert.

Diesem Trend schloß sich nun auch DKW an. 1921 stellte man ein Roller ähnliches Fahrzeug auf die Räder, indem man den Hilfsmotor aus dem Fahrrad in einen völlig unorthodoxen Rahmen transplantierte. Per Kette trieb er das winzige 10-Zoll-Hinterrad an. Geschwindigkeiten von über 35 km/h waren möglich. Lenken war nicht ganz einfach, Bremsen ebenso. Eine Außenbandbremse, deren eine Band-Hälfte per Handgriff, die andere über einen Fußhebel betätigt wurde, kam dabei ganz schön ins Schwitzen. Ein gepolsterter Sitz und ein ausladender Lenker ließen den Fahrer auf dem Zwerggefährt thronen. „Golem" nannte man das neue Modell und pries es mit den Worten "Bequem, gefahrlos, leichtes Gewicht, Sturz ausgeschlossen" an. Eine DKW-Anzeige präzisierte: „Der Golem ist leicht zu dirigieren wie ein gewöhnliches Fahrrad, er ist überall leicht unterzubringen (keine Garage) nur etwa 32 Kilogramm".

Um den Unterschied zum Motorrad herauszustellen, fand die DKW-Werbeabteilung auch gleich eine neue Gattungsbezeichnung für den Golem: Sessel-Motorrad, Sessel-Kraftrad oder einfach Sessel-Rad hieß das neue Fahrzeug in verschiedenen Pressetexten und Werbeanzeigen. Nun ja, „Motorrad" war angesichts des Hilfsmotors ein wenig übertrieben. „Sessel" eigentlich ebenso. Denn der Sitz, der das kleine Fahrzeug zierte, wirkte mit seiner Polsterung und der Rundum-Lehne beim ersten Hinsehen zwar bequemer als ein gewöhnlicher Motorrad- oder Fahrrad-Sattel, verfügte im Gegensatz zu letzterem allerdings über keinerlei Federung. Dies war ein in der (Fahr-)Praxis nicht zu unterschätzender Nachteil. Jeder Radfahrer kennt den Unterschied: über ein Polster freut sich der Hintern, über eine Federung das Kreuz.

Anstoß für die Konstruktion des Golem-Rollers war wahrscheinlich ein französisches Zweirad mit dem Namen Autofauteuil, das schon 1902 herauskam und damals ebenso merkwürdig anmutete wie zwanzig Jahre später der Golem. Es wurde 1921 übrigens immer noch angeboten. Die winzigen Räder, der ausladende Lenker, die stuhlartige Sitzfläche, der Aufbau des Rahmens mit zwei parallelen Zügen – all das finden wir schon beim Autofauteuil. Dem Golem

Ernst Eichler demonstriert den Golem

Das DKW-Lomos-Sesselrad mit Teleskopstoßdämpfer und Pressrahmen entstand 1922

spendierten die DKW-Techniker eine Vorderradfederung – auch dies besaß der französische Vorläufer schon. Allerdings nur in Form einer Pendelgabel, während der Golem sich auf eine Kurzschwinge verlassen konnte. Diese war wiederum ohne jegliche Dämpfung, was ihren technischen Vorteil deutlich zusammenschmelzen ließ. Im Autofauteuil saßen zum Teil schon wassergekühlte Triebwerke, mit einer Kupplung und einem Zweigang-Planetengetriebe kombiniert. Der Hilfsmotor im Golem musste weiterhin auf kühlenden Fahrtwind hoffen und ohne ein Getriebe auskommen. Immerhin hatte man ihn mit einer Konus-Kupplung kombiniert und mit Kettenantrieb zum Hinterrad ausgerüstet. Beides war vom französischen Vorläufer übernommen. Im Gegensatz zu den Autofauteuil-Piloten konnten die DKW-Kollegen ihre Füße bequem auf Trittbrettern abstellen.

Unser kurzer Vergleich führt scheinbar zu dem Schluss, dass der technische Fortschritt nach zwanzig Jahren (außer in Details) kaum wahrnehmbar war. Dies wird allerdings relativiert, wenn man sich ansieht, wie unterschiedlich die Einsatzzwecke waren, für welche die beiden Fahrzeuge gebaut wurden. Der Autofauteuil war als Luxusgefährt konzipiert, bei dessen konstruktiver Gestaltung kaum gespart werden musste. Der Golem sollte als Einfachst-Fahrzeug in kargen Zeiten dienen, das preislich zudem mit ähnlich kargen Konstruktionen konkurrieren musste. Im Vergleich mit anderen Fabrikaten konnten Golem-Käufer immerhin eine gewisse Funktionalität sowie die handwerklich saubere Ausführung einer etablierten Firma vermerken. Zündung, Vergaser, Schweißnähte und Motortechnik entsprachen DKW-Qualität. Die Nachteile waren eher der Gattung geschuldet und fanden sich auch bei den Modellen der Konkurrenz: Die kleinen Räder, die schwächlichen Bremsen, einfachste Antriebstechnik, rudimentäre Federung, Design aus dem Metall-Baukasten. Der Golem wurde unter der Markenbezeichnung SIC auch nach Frankreich exportiert, so dass französische Kunden direkte Vergleichsmöglichkeiten hatten.

Man könnte der Einfachheit halber sagen, DKW hatte auf das falsche Pferd gesetzt und diesen Irrtum mit dem kurze Zeit darauf erscheinenden „Reichsfahrtmodell" korrigiert. Dieses verwendete einen auf 142 ccm Hubraum vergrößerten Motor mit Gebläsekühlung in einem Leichtmotorrad-Fahrgestell, dem eine stabile Vorderrad-Federgabel wesentlich besser über die damaligen Schlagloch- und Schotter-Pisten verhalf als die Mini-Schwinge dem Golem. In der Tat ging der Trend in den folgenden Jahren und Jahrzehnten zum Leichtmotorrad, wovon nicht zuletzt DKW gewaltig profitierte. Nichtsdestoweniger etablierte sich nach dem Zweiten Weltkrieg die Gattung der Roller oder Scooter, die auch heute – nach mehr als einem halben Jahrhundert! – immer noch aktuell ist und einen soliden Anteil am gesamten Zweiradmarkt besitzt. So krude und derb der Golem auch aussehen mag: Er ist gar nicht so weit von den heutigen „Plastikrollern" entfernt.

An dieser Stelle soll die Voraussicht und das technische Vorstellungsvermögen eines Mannes gewürdigt werden, auf dessen Initiative Konstruktion und Bau des Golem wahrscheinlich zurückgehen. Eine Anzeige aus dem Jahr 1922 nennt den Golem zwar das „Fabrikat der Zschopauer Maschinenfabrik J. S. Rasmussen", ergänzt aber: „Alleinvertrieb: Eichler & Co., Berlin S. W. 11, Bernburgerstraße 23". Inhaber von Eichler & Co. war Ernst Eichler, der von der Luftfahrt beziehungsweise Luftwaffe nach dem Krieg zum Zweirad gekommen war. Vermutlich schlug Eichler Rasmussen den Bau eines kleinen Rollers vor, vielleicht unterbreitete er ihm sogar schon detaillierte Konstruktionsentwürfe.

Auch als sich der Golem nicht als der erhoffte Erfolg erwies, hielt Eichler an der Idee eines Stadtfahrzeugs mit kleinen Rädern und Durchstiegsrahmen fest. Er initiierte den Bau eines neuen Rollers, „Lomos" genannt. Zur Vorderradfederung trat nun auch eine Hinterradschwinge, dabei wurde der Radstand verlängert. Die Optik erhielt eine deutlich organischere Komponente, wozu beispielsweise auch die neuen, schön geschwungenen Kotflügel beitrugen. Man erhöhte den Hubraum durch Vergrößerung der Bohrung auf 142 ccm, die Leistung auf 1.5 PS am Hinterrad.

Das Triebwerk lag nun nicht mehr horizontal (wie beim Hilfsmotor und beim Golem), sondern saß schräg im Rahmen unter dem Sessel. In dieser Position wurde die Kühlung durch den Fahrtwind zu schwach. Schon der Golem hatte diesbezüglich Probleme gehabt, das Triebwerk war leicht festgegangen. Beim Lomos schaufelte deswegen ein Gebläse den Kühlrippen vermehrt Luft zu. Den Antrieb des Hinterrades bewältigte nun ein Riemen. Damit kam auch eine neue Kupplung zum Einsatz, die aus zwei axial verschiebbaren Riemenscheiben bestand.

Das Lomos-Sesselrad durfte Eichler nicht mehr exklusiv in seinen Listen führen, auch DKW nahm es in den Vertrieb. Das Ende dieser Kooperation zeich-

Golem mit Trittbrettern, Spritzschutz und Gepäckträger

Der Golem aus dem Westerwald. Besitzer: Baldur Klaas

nete sich damit ab. Eichler baute bald eigene Motorräder, bestückte sie unter anderen mit den Bekamo-Motoren von Hugo Ruppe, der sich ebenfalls von DKW getrennt hatte. Als Konkurrent zum DKW-Hilfsmotor beziehungsweise damit ausgerüsteten Leichtmotorrädern bot Eichler das Modell „Fifi", eine interessante Konstruktion mit Vorderrad-Nabenmotor an, bei der es sich um eine Variation oder Kopie der österreichischen Austro-Motorette beziehungsweise des ÖWA-Motors handelte. Während DKW aber ein rasanter Aufstieg gelang, ging es mit Eichlers Zweirad-Unternehmungen langsam bergab. Mitte der zwanziger Jahre wurde die Fertigung von Motorrädern und Lastendreirädern eingestellt.

DKW nahm erst in den fünfziger Jahren die Anregungen Eichlers wieder auf und präsentierte 1953 den kleinen „Hobby-Roller". Der 75-ccm-Roller war das definitiv letzte Fahrzeug dieser Gattung aus Ingolstadt. Auch der dritte Versuch, auf dem Scooter-Markt Fuß zu fassen scheiterte, und es gelang DKW nicht, Herstellern wie Vespa, Lambretta, Zündapp oder Heinkel ernsthaft Konkurrenz zu machen. Der Hobby-Roller verfügte über einen Hubraum von 75 ccm und eine Keilriemen-Automatik, eine Art erweiterter Lomos-Kupplung. Unter dem Namen Manurhin wurde er übrigens später in Frankreich gefertigt. Damit kehrte der DKW-Roller quasi wieder in sein Ursprungsland zurück.

Wenden wir uns aber wieder der hoffnungsvollen Anfangsphase jener Entwicklung und damit dem Golem zu. Nicht nur Technik und Firmengeschichte dieses Fahrzeugs, auch sein Name kann einige interessante Geschichten erzählen.

Der Name Golem benennt ein mythisches Wesen, das in der Literatur der jüdischen Esoterik, der Kabbala, erwähnt wird Das Wort bedeutet soviel wie Lehm, ungestaltete Masse, Rohmaterial. Wer in den esoterischen Wissenschaften und Übungen weit vorangeschritten ist kann, so glauben manche Kabbalisten, einem Klumpen Lehm die Form eines Menschen geben und ihm schließlich Leben einhauchen, indem er ein bestimmtes Ritual vollzieht und magische Worte ausspricht. Dies tat der Legende nach der Prager Rabbi Löb. Er schuf einen Golem, der Arbeiten verrichtete und die jüdische Gemeinde vor Übergriffen schützte.

Nach diversen Vorläufern im 19. Jahrhundert nahm der Schriftsteller Gustav Meyrink den Stoff 1913/14 popularisierend in einer Erzählung auf. Fast gleichzeitig schuf der Schauspieler und Regisseur Paul Wegener einen Film mit dem Titel „Der Golem". Meyrinks Erzählung kam 1915 als Buch heraus,

Lang läuft die Kette zum Hinterrad

Winkelstück der Vorderradfederung

Nur als Zubehör gab es die Beleuchtungsanlage

Vollgummibereifung

Schnell verstaut ist der Golem mit diesem Griff

„Doppel"-Bremse am Hinterrad

Das Triebwerk stammt vom Fahrradmotor ab

Ein Emblem mit Weltgeltung

Arretierhebel in guter Grifflage

Konus-Kupplung mit Kettenrad

Wegener griff den Stoff 1920 erneut auf und drehte einen zweiten Golem-Fim, der recht bekannt wurde und heute als Stummfilm-Klassiker gilt. Daraufhin machte sich sogar der „rasende Reporter" Egon Erwin Kisch, ein nüchterner und unvoreingenommener Beobachter, in der Prager Synagoge auf die Suche nach den Überresten des Golem. Das Golem-Thema war in den Jahren nach dem Ersten Weltkrieg also Gesprächsthema in weiten Kreisen der Öffentlichkeit.

Vor allem in Berlin, dem Zentrum der deutschen Filmproduktion, der Zeitungs- und Buchverlage, war „Golem" ein Name mit großem Aufmerksamkeitswert. Dort hatte Ernst Eichler gerade sein Zweiradunternehmen gegründet und einen merkwürdigen kleinen Roller entworfen, den die Fachpresse der Gattung der „Stadtdiener" oder „Kraftläufer" zurechnete. Eichler sann auf einen eigenen Namen. Warum das kleine Fahrzeug, das etwas ungeschlacht wirkte und in der Tat eine Art Arbeitstier war, nicht nach der Filmfigur nennen? Das war einerseits recht pfiffig. Wer den Film gesehen hatte, wunderte sich andererseits ein wenig. Denn der Film-Golem war ein Riese, ein furchteinflößendes Monstrum, der zwar anfänglich brav seinen Dienst verrichtete, später aber aus dem Ruder lief, sich selbständig machte, seinen Erschaffer sowie dessen Umgebung bedrohte und nur mit Hilfe eines glücklichen Zufalls unschädlich gemacht werden konnte. Ob sich mit diesen Assoziationen ein kleines Motorfahrzeug verkaufen ließ?

Aus heutiger Sicht verwundert nicht nur die Wahl des Modellnamens, sondern auch die Dreistigkeit, mit der sich Eichler damals an die Popularität eines Kassenschlagers hängen konnte. Mittlerweile sind Filmtitel geschützte Produktnamen, mit deren Vermarktung oft mehr Geld gemacht wird als mit dem Film selbst. Wer heute beispielsweise auf die Idee käme, einen „Harry-Potter-Roller" herauszubringen, müsste Unsummen an Lizenzgebühren berappen, sofern er die Rechte zur Verwendung des zugkräftigen Namens überhaupt erhielte.

Gehen wir zum Schluss auf das hier abgebildete Exemplar des Golem-Rollers ein wenig näher ein. Es handelt sich dabei auf jeden Fall um eine Rarität, über das jedes Museum froh wäre. Denn der Golem dürfte nur in geringer Stückzahl produziert worden sein, wahrscheinlich verließen weniger als tausend Fahrzeuge das Werk in Zschopau. Und von dieser geringen Stückzahl sind nur noch eine Handvoll Exemplare erhalten. Das Motorradmuseum Schloss Augustusburg besitzt einen Golem, der Enkel des Firmengründers Rasmussen stellt in seinem DKW-Museum (Maintal) ebenfalls eines der seltenen Fahrzeuge aus. Um so erstaunlicher und erfreulicher, dass sich auch bei Privatsammlern noch einige Exemplare befinden. Baldur Klaas aus Driedorf im Westerwald kann einen der seltenen Roller sein eigen nennen. Klaas verfügt über eine stattliche Sammlung von Oldtimern und hat darin eine Vielzahl von Raritäten und Preziosen auf zwei, drei und vier Rädern zusammengetragen. Sein Augenmerk gilt vor allem der Marke Zündapp, von der er alle Viertaktmodelle und zahlreiche Zweitakter besitzt. Aber auch Maschinen anderer Marken, dazu diverse Automobile, zwei alte Tankstellen-Einrichtungen und eine umfangreiche Sammlung von Blechspielzeug finden sich in seinen Räumen.

Vor dem Golem besaß Klaas schon einen Lomos-Roller, verkaufte diesen aber wieder, weil er nicht vorhatte, seinen Fahrzeugbestand noch um eine Roller-Abteilung zu erweitern Trotzdem passt der Golem prima in die Sammlung. Er befindet sich dort in bester Gesellschaft. Denn in Klaas` Räumen steht auch einer der sehr seltenen Pränafa-Roller, daneben ein Ferbedo-Roller mit Zündapp-Motor, beides quasi Fortführungen des Golem mit den Mitteln der frühen fünfziger Jahre. Fehlt zur Abrundung eigentlich nur noch ein DKW „Hobby". Den Golem erwarb Klaas übrigens vor einigen Jahren in der Schweiz, wo er ihn von der Familie des Erstbesitzers kaufte, die ihn auch restauriert hatte. Schon damals waren auf die kleinen 10-Zoll-Räder Vollgummireifen aufgezogen, die den Eindruck machen, als hätten sie auch schon einige Jahrzehnte auf dem Buckel. Ob dies eine Exportausstattung, eine Schweizer Variante oder eine spätere Änderung war, lässt sich nicht mehr rekonstruieren. Die Polsterung der abgebildeten Maschine entspricht auf jeden Fall nicht der originalen Ausrüstung. Klaas möchte sie irgendwann gegen eine passendere aus echtem oder Synthetik-Leder eintauschen.

Momentan leidet der kleine Roller noch an Abstimmungsschwierigkeiten. Eine passende, universell einsetzbare Übersetzung ist noch nicht gefunden. Wenn dies Problem gelöst ist, kann man den Golem vielleicht einmal bei einer Rallye bewundern. Er könnte mit seinem Erscheinen so manches Vintage-Highlight ausstechen.

Technische Daten DKW Golem

Baujahr: 1921/22
Motor: Einzylinder-Zweitakter, luftgekühlt
Hubraum: 118 ccm (in der Literatur auch: 122 ccm)
Bohrung x Hub: 50 x 60 mm
Leistung: 1 PS
Zündung: Magnetzünder im Schwungrad
Vergaser: verschiedene Versionen mit und ohne Schwimmer (Tuto)
Schmierung: Mischungsschmierung 1:10
Getriebe: Eingang
Kupplung: Konus
Antrieb: Über Kette zum Hinterrad
Bremsen: Hand- und Fußbremse, beide auf das Hinterrad wirkend (Außenband)
Bereifung: 15 x2 1/2 (auf 10-Zoll-Felgen)
Fahrwerk: Rahmen mit parallelen Rohren, Vorderradschwinge
Gewicht: 35 kg
Verbrauch: etwa 2 Liter/100 km

Rückansicht des „Sesselmotorrades“ von DKW

Kleinroller im Automuseum Engstingen

von Manfred Nabinger

Unter den Zweirad-Museen in Deutschland nimmt das Museum im schwäbischen Engstingen eine Sonderrolle ein. Es bezeichnet sich nämlich tiefstapelnd als „Automuseum" und schlägt sich damit weit unter Wert. Die Automobile der Wirtschaftswunderzeit mögen zwar optisch dominieren, die verschiedenen Zweiräder liegen mengenmäßig aber weit vorne. Eine besondere Kostbarkeit stellt eine kleine Kollektion innerhalb der großen Zweirad-Sammlung dar, die eine heute fast vergessene Gattung präsentiert: Kleinroller aus der Zeit zwischen 1948 und 1954, frühe Versuche, eine Gattung, die sich damals gerade international Bahn brach, auch in Deutschland zu etablieren.

Die Roller-Frühgeschichte

Kleinroller existieren schon seit mehr als hundert Jahren. 1902 kam das französische Autofauteuil heraus, der erste Roller überhaupt. Er besaß einen Durchstiegsrahmen, kleine Räder und einen richtigen Sitz anstelle eines Sattels. Dieses Fahrzeug wurde in Blois an der Loire gefertigt und blieb bis Anfang der zwanziger Jahre in Produktion. Kurz vor dem Beginn des ersten Weltkriegs tauchte die zweite Generation von Rollern auf, die deutlich vom Tretroller abgeleitet war. Wiederum gab es kleine Räder, letzte Anklänge an Motorrad oder Fahrrad waren aber verschwunden, denn das Fahrzeug bestand im wesentlichen aus einer Plattform, auf der Fahrer oder Fahrerin stehen konnten. Später kamen Sitzgelegenheiten hinzu.

In den zwanziger Jahren vermischten sich beide Formen und brachten in ganz Europa verschiedene Konstruktionen hervor. Neben diesen einfachen Fahrzeugen tauchten auch schon die ersten Luxus- oder Reiseroller auf, damals aber noch nicht so genannt, sondern als Zweiradauto, Einspurauto und

Blick auf die Rollerabteilung des Museums

Ein Eldorado für Moped-, Roller- und Hilfsmotorenfreunde

dergleichen bezeichnet. Die kleinen Roller hießen hingegen Motorläufer, Kraftschuh oder Scooter.

In den frühen dreißiger Jahren, nach der großen Wirtschaftskrise, beschäftigten sich die Konstrukteure erneut mit einfachen kleinen Roller-Fahrzeugen. Dies führte aber nur zu Prototypen, die gegen die hunderttausendfach verbreiteten Motorfahrräder keine Chance hatten. Bei DKW hatte 1932 Ingenieur Doernhoeffer einen kleinen Roller geschaffen, der aber letztendlich nur als Spielzeug eingestuft wurde. In Hamburg hatte von Festenburg-Pakisch zwischen 1934 und 1939 ein Fahrzeug zu Serienreife entwickelt, das wegen des beginnenden Krieges allerdings nicht mehr zur Fertigung gelangte.

Sechs Jahre später kam dann der zweite große Knall für den Roller. Zwei italienische Rüstungsfirmen, Piaggio und Innocenti, wechselten zu „Friedensprodukten" und brachten kleine Rollerfahrzeuge heraus. Die Urvespa besaß einen Hubraum von 98 ccm und verfügte schon über das typische Blechkleid. Die Lambretta von Innocenti gab sich spartanischer. Kleine Sieben-Zoll-Räder, einen Plattformrahmen mit minimalem Spritzschutz, ein kleiner 123-ccm-Zweitakter mit Wellenantrieb zum Hinterrad, ein Sitz direkt über dem Motor und eine einfache Federung an Vorder- und Hinterrad: dieser Aufbau inspirierte Konstrukteure in aller Welt. Auch im noch stark zerstörten Deutschland. „Wer in den letzten Monaten in den Städten nach neuen Fahrzeugen Ausschau gehalten hat, wird wohl, sofern er sich in der amerikanischen Zone befand, außer den herrlich schönen großen amerikanischen Luxuswagen auch ein ganz kleines, lustig anmutendes Zweirad gesehen haben, das mit sehr kleinen, dafür um so dickeren Reifen ausgestattet und im Verkehr besonders wendig ist", schrieb „Das Neue Universum" 1948. Sehen wir genauer hin, was deutsche Techniker aus dieser Anregung machten. Das Museum in Engstingen liefert uns hierzu interessantes Anschauungsmaterial einschließlich des Impulsgebers von Lambretta.

Deutsche Kleinroller

Ein Blick in alte Listen und Zeitschriftenartikel zeigt uns, dass aus der Zeit zwischen 1948 und 1953 etwa 20 Konstruktionen überliefert sind, die man als Klein- oder Einfachroller bezeichnen könnte. Die Hubräume reichten von 38 ccm bis 120 ccm. Als Antriebsquellen dienten Hilfsmotoren, frühe Mopedmotoren, 98er Sachs-Triebwerke oder 120-ccm-ILO-Aggregate. Namen wie Brummer, Libelle, Strolch, Troll, Till greifen das Verspielt-Kleinwüchsige, das dieser Gattung anhaftete, positiv auf. Heute sind diese Fahrzeuge übrigens schwer aufzutreiben, die Stückzahlen waren nie hoch, der Erhaltungswert schien gering. Betrachten wir einige ausgewählte Exemplare aus der Engstinger Sammlung.

Fangen wir mit dem Lutz-Roller an. Professor Lutz Braunschweig stellte 1949 einen kleinen Roller mit selbstgefertigtem Zweitakt-Motor vor. Dabei handelte es sich nicht um ein speziell für dieses Fahrzeug hergestelltes Triebwerk, sondern um den Lutz-Fahrrad-Hilfsmotor. Dieser war schon vor der Währungsreform entstanden und zählte zu den ersten seiner Gattung. Er kam zu einer Zeit heraus, als die alliierte Verwaltung Deutschlands den Firmen einen Hubraum von maximal 60 ccm für eine mengenmäßig unbeschränkte Produktion zugestanden hatte und besaß deswegen 58 ccm Hubraum. Das ist reichlich, wenn es um den Antrieb eines Fahrrades oder eines anderen Kleinfahrzeugs geht, weswegen die Werbung vom „großvolumigen Drosselmotor" sprach. Als technische Besonderheiten wies der Lutz-Motor einen Membraneinlass und eine Konuskupplung auf. Auf Wunsch und gegen Aufpreis war eine Gebläsekühlung erhältlich.

Als der Gesetzgeber die führerscheinfreie 50-ccm-Klasse schuf, brachte Lutz eine 50-ccm-Variante seines Motors heraus. Diese treibt auch den Engstinger Lutz-Roller an, der aus dem Jahr 1953 stammt. Der Lutz verfügt über einen Zentralrohrrahmen, der immerhin „Allradfederung" mit Einarm-Schwingen (Gummi-Torsions-Elemente) vorne und hinten besitzt. Der Motor ist an der hinteren Einrohr-Schwinge angebaut, besitzt keine Blechverkleidung, sondern nur einen Käfig aus gummiüberzogenen Stahldrähten. Das kleine Fahrzeug wiegt 45 Kilogramm und ist immerhin 35 km/h schnell.

Lutz stellte seinen Roller anfänglich unter dem Namen „Hummel" vor, musste diesen aber bald wieder aufgeben, weil er schon für DKW geschützt war und bald auch für eine Moped-Reihe benutzt wurde. Neben Lutz brachte übrigens Imme einen kleinen Roller mit Einrohrschwingen und einem Motor aus eigener Fertigung heraus. Er hieß "Till" und war noch erfolgloser als der Lutz.

Verkaufte Lutz nur wenige seiner Roller, so konnte er doch immerhin noch seine Triebwerke an diverse Fremdfirmen loswerden. Einer der Käufer war die Firma Gottfried Delius aus Osnabrück. Unter dem passenden Namen Delius Cityfix brachte sie 1949 einen der ersten deutschen Kleinroller heraus. Als

Kleinroller Delius Cityfix aus Osnabrück

Das Motorfahrrad von Delius lief auch unter der Bezeichnung „Cityfix"

Antrieb wurde der Lutz-Hilfsmotor mit 58 ccm Hubraum benutzt. Der Cityfix weist einige interessante Details auf: er verfügt über relativ große Räder der Dimension 20 x 2.25, über einen Rohrrahmen mit Plattform- und Spritzschutzblechen und die Motor-Schwingen-Einheit mit kurzem Kettenantrieb, wie wir sie vom Lutz-Roller kennen. Vorne und hinten war der Cityfix mit Trommelbremsen ausgerüstet, beileibe kein selbstverständliches Detail, denn manche anderen Hersteller genehmigten ihren Kleinrollern nur die „Mantelquetscher" aus dem Fahrrad-Zubehör.

1950 absolvierte ein Cityfix-Roller die ADAC-Deutschlandfahrt über 800 Kilometer mit Erfolg. Die einfachste Ausführung ohne Federung kostete 495 DM. Damit galt der Cityfix 1949 als einer der billigsten Roller. Eine Vorderradfederung (Trapezgabel) war ebenfalls im Angebot und schlug mit zusätzlichen 33 DM zu Buche. Später rüstete Delius den Cityfix mit dem größeren 98-ccm-Sachsmotor und mit dem 50-ccm-Hilfsmotor von amo aus. 1952 lautete die Adresse „Delius-Fahrzeugbau, Inhaber: O. Fritsche, Knetterheide/Lippe". Zu diesem Zeitpunkt baute Delius Motorräder und Motorfahrräder mit Sachs-Motor, die ebenfalls „Cityfix" hießen.

Kehren wir wieder zurück ins Jahr 1949, als der Delius-Roller gerade herauskam. Damals tauchten in verschiedenen Zeitschriften Fotos und Daten eines skurrilen Kleinrollers mit dem Namen Jeanette auf. Der Name klang irgendwie weltläufig. Kein Zufall, denn der Konstrukteur dieses Fahrzeugs, Dipl. Ing. Wolz, war in Berlin beheimatet. Auch optisch fiel Jeanette auf: sie war recht pummelig, wog immerhin stolze 80 Kilogramm und rollte dabei auf winzigen Rädern (das Engstinger Museum nennt als Bezugsquelle Messerschmitt-Flugzeuge des Typs ME 109). Der Motor stammte von Fichtel & Sachs, besaß 98 ccm Hubraum und war von Wolz auf Fußschaltung umgebaut worden. Er sollte eine Höchstgeschwindigkeit von 65 km/h ermöglichen.

So erfolgreich die Pressearbeit für die Jeanette auch verlief, so schwierig gestaltete sich eine Serienfertigung. Es entstand zwar noch eine Version mit 120-ccm-ILO-Motor, in Produktion ging das Fahrzeug aber nie. Das mag an der schwierigen Situation im geteilten Berlin gelegen haben, aber auch an der Konzeption des Fahrzeugs, das als Notfahrzeug in Buschdoktor-Bauweise keine Zukunftsperspektive besaß.

Der Lutz war natürlich nicht der einzige Fahrrad-Hilfsmotor, der bei Kleinrollern zur Verwendung kam. Auch das Rex-Triebwerk, vielleicht der bekannteste Hilfsmotor dieser Jahre, fand hier sein Einsatzfeld.

Zum Beispiel in einem Modell mit dem Namen Spatz. Robert Goerke stellte diesen Roller in Braunschweig her, ein gewisser Dr. Döring hatte ihn konstruiert. Ab 1951 wurde der Spatz angeboten, das Exemplar aus dem Engstinger Museum stammt von 1954. Der Rex-Motor sitzt – wie meistens auch bei den Fahrrädern – über dem Vorderrad. Ein kurzer Riemen überträgt die Motorkraft auf eine kleine Riemenscheibe am Vorderrad. Der Spatz ist ein typischer Plattform-Roller in spartanischer Ausstattung: keine Federung, ein einfacher Spritzschutz vorne, damit hatte es sich. Der possierliche Name war recht einprägsam. Bald übernahm auch ein Kleinst-Automobil, das Brütsch konstruiert hatte und später bei Victoria weiterentwickelt wurde, diese Bezeichnung.

Der Rex-Motor trieb zumindest noch einen weiteren Einfach-Roller dieser Zeit an. Er hieß „Levante" und wurde in Hamburg von der Compagnie Levante

„Jeanette" mit Fichtel & Sachs-Motor

Der „Spatz" aus Braunschweig mit Rex-Motor

Der „Servos" aus Augsburg wird von dem Victoria FM 38 angetrieben

hergestellt. Mit einem Preis von 385 Mark (1952) lag er noch deutlich unter dem Delius-Roller. Wie dieser rollte er auf 20-Zoll-Rädern und war schon in Standardausführung mit Trapezgabel vorne ausgerüstet.

Wird der Rex-Motor erwähnt, darf sein großer Konkurrent Victoria FM 38 nicht fehlen. Natürlich diente auch er zum Antrieb einiger Kleinroller. Gegenüber dem Rex besaß er den Vorteil eines Zweigang-Getriebes und einer Kupplung. Der Hersteller W. Kappich & Co KG in Augsburg rüstete sein Modell Servos mit diesem Triebwerk aus. Kappichs Markenbezeichnung lautete Pafi, der Roller wurde auch unter dem Namen Biene angeboten. „Biene, Biene, Biene, die gleicht keiner Maschine" tönte etwas hölzern die Werbung und variierte ausführlicher: „Wer sparen will und doch genießen, kann nur für Servos sich entschließen". Mögen zu dieser Zeit noch einige Materialien knapp gewesen sein: An plumpen Reimen bestand offenbar kein Mangel. Aber Kappich warb auch in Prosa: „Der motorisierte Fahrradroller für Jedermann. Absolut betriebssicher. Kinderleicht von Jedermann zu fahren" (wozu übrigens eine Frau abgebildet war. Botschaft: Wenn sogar die es kann, kann`s wohl jeder).

Der Servos-Roller gehört in die selbe Kategorie wie der Spatz und der weiter unten beschriebene

Ferbedo, ist aber der aufwendigste dieses Trios. Er verfügt über einen Rohr-Rahmen mit einigen aufgeschweißten Blechen, eine recht komplizierte Vorderrad-Schwinge aus vielen Rohrstücken und einen Motor mit zwei Gängen und Kupplung. 1953 (aus diesem Jahr stammt das Engstinger Exemplar) kostete er immerhin 565 DM.

Zu den anderen Herstellern, die den Victoria-Motor benutzten, zählten die Firmen Ruwisch aus Köln, die 1949 ihren „Brummer" vorstellten, und Stüdemann aus Hamburg mit dem Modell „Fibs", das 20-Zoll-Räder besaß. „Roller wird zur Zeit nur auf Bestellung gefertigt" hieß es allerdings 1953. Als weiteren Victoria-Träger besitzt das Museum in Engstingen einen interessanten Eigenbau mit dem Namen „Bärbeletta", zu dem leider keine weiteren Informationen vorhanden sind.

Kommen wir zum dritten Fahrzeug aus dem Trio der „Spielzeug-Roller". Es wurde passenderweise bei einem renommierten Hersteller von Tretrollern und Tretautos gefertigt: bei Ferbedo in Nürnberg. Die Firma Ferdinand Bethäuser, Doos bei Nürnberg, wurde 1898 gegründet und liefert auch heute noch Kinderfahrzeuge verschiedener Bauweisen. Ab 1951 bot man kurzfristig auch Spielzeugartiges für Er-

„Ferbedo" aus Nürnberg mit Zündapp Combimot, eine Abschweifung eines Spielwarenherstellers in den Straßenverkehr

„Mota-Wiesel" aus Nagold

wachsene an. Bis 1955 stand das kleine Fahrzeug noch in den Listen. Engstingen zeigt das Modell R 48 von 1954, ausgerüstet mit dem Zündapp Combimot, einem universell einsetzbaren Hilfsmotor, der fast überall angebaut und mit Ketten- oder Riemenantrieb kombinierbar war.

Der Ferbedo-Roller besitzt einen Plattform-Aufbau à la Spatz, weist aber schon einen deutlichen Fortschritt auf. Der Motor wurde rollertypisch unter dem Sitz eingebaut und mit einem Schutzgitter versehen. So ergibt sich eine wesentlich bessere Schwerpunktlage, außerdem hat man nicht immer die Ausdünstungen des Triebwerks in der Nase und seinen Lärm frontal kommend im Ohr. Der Ferbedo besitzt Kettenantrieb zum Hinterrad, eine Kupplung und als Vorderradfederung eine kleine ungedämpfte Schwinge.

Eine völlig andere Konzeption verkörpert das Mota-Wiesel. Es wurde in Nagold (ca. 50 Kilometer von Engstingen entfernt) zwischen 1949 und 1952 in 560 Exemplaren gefertigt. Der anfängliche Name Motra wurde vom Hersteller Wolfgang Schlegel 1950 in Mota geändert. Ein 75-ccm-Motor eigener Fertigung saß in einem Rahmen, der eher motorradmäßig aufgebaut war, aber einen leichten Durchstieg besaß. 20-Zoll-Räder kamen zum Einsatz, so dass hier von einem Mittelding zwischen Kleinroller und Motorfahrrad gesprochen werden kann. Dementsprechend gut war die Aufnahme bei den meist an traditionellen Formen orientierten Zweirad-Journalisten dieser Zeit. „Schade, dass diese Firma finanziell in Schwierigkeiten geriet. Das Wiesel ist, was den Motor betrifft, geradezu vorbildlich, die Straßenlage ist mit der Hinterradfederung gut, und die Gepäckunterbringung vor dem Sattel als ruhigsten Punkt sehr schön gelöst. Das Wiesel ist kein eigentlicher Roller, aber ein kluger Kompromiss, und die Beinfreiheit kaum geringer als bei einem Damenfahrrad" schrieb „Das Motorrad".

1953 tauchte der Name Mota noch einmal in den Listen auf. Ein 99-ccm-Triebwerk dieses Herstellers sollte den „Varelli", einen Roller mit Telegabel und 16-Zoll-Reifen, motorisieren. Die Motorenwerke Varel (Oldenburg) hatten anfänglich ihren Flink-Hilfsmotor benutzt, um einen simplen Kleinroller mit dem Namen „FF" auf die Beine zu stellen, wollten sich nun aber motorisch und fahrwerksmäßig vergrößern. Ob die Mota-Varelli jemals gebaut wurden, ist bislang unbekannt.

Noch näher ans Museum rücken wir, wenn wir uns mit dem Walba-Roller beschäftigen. Dieser entstand nämlich in Reutlingen, von Engstingen knapp

15 Kilometer entfernt. Die Export- und Import-Agentur Dr. W. Balabaschewski fertigte ihn in den Jahren 1951 und 1952. Zuerst baute man ein einfaches Gefährt mit 98-ccm-Sachs- oder 120-ccm-ILO-Motor und sparsamem Blechkleid. Ein „Beispiel für fehlende Architekten bei der Gestaltung der äußeren Linien" sah darin „Das Motorrad". Daraufhin beauftragte man den französischen Konstrukteur Lepois mit der Schaffung einer echten Rollerkarosserie. Das neue Fahrzeug erhielt den 120-ccm-ILO-Motor (auf der Hinterrad-Schwinge gelagert), später ein größeres Triebwerk mit Gebläsekühlung, eine teleskopartige Vorderradfederung und einen Doppelbogen-Rahmen, der sogar zum Patent angemeldet war. Der Walba galt als erster deutscher Roller mit voller Karosserie. In Reutlingen entstand zu dieser Zeit übrigens noch ein weiterer Roller: er hieß NERA und fiel vor allem durch seine riesige Karosserieschnauze auf.

Zuletzt soll ein weiterer Hersteller aus Süddeutschland erwähnt werden, der in Engstingen immerhin ein Fahrzeug als Leihgabe stehen hat. Die Firma Binz aus Lorch, heute noch im Geschäft mit Sonderfahrzeugen (Polizei, Taxi, Krankenwagen), wagte Anfang der fünfziger Jahre einen Abstecher in Zweirad-Gefilde. Man benutzte die 1953 erschienenen 50 ccm-Moped-Motoren von Fichtel & Sachs und ILO, um einen schlichten kleinen Roller zu bauen, von dem 1800 Stück produziert wurden. Er verfügte über

Der Walba-Roller entstand in Reutlingen

Der „Binz" aus Lorch war ausgestattet mit Motoren von Fichtel & Sachs und ILO

eine Telegabel vorne, 20-Zoll-Räder und eine recht praktische und harmonisch wirkende Vollkarosserie. 1955 kostete er 798 Mark.

Zeitstimmen

Interessant ist an dieser Stelle ein Rückblick auf die Literatur der Jahre 1949 bis 1952. Zweirad-Autoren waren aufs Motorrad eingeschworen und taten sich mit den Rollern offenkundig schwer. Zum Teil hielten sie sie für eine Erfindung der letzten zehn Jahre, kannten also die zahlreichen Roller der Zeit vor und nach dem Ersten Weltkrieg überhaupt nicht. Eine Kapazität wie Dr. Ing. Venediger leitete beispielsweise den Roller vom britischen Welbike, einem kleinen Fallschirmjäger-Fahrzeug, ab. Außerdem misstrauten die Autoren den kleinen Rädern, der Motoranbringung und vielem anderen mehr.

A. W. Mantzel in „Das Motorrad": „Sehen Sie sich die Dinger bitte an! Fast alle Roller haben ein hochgezogenes, breites Beinschutzblech, fast alle Roller haben Triebwerk und Hinterrad mit einem Blechthrönchen verkleidet, mehr oder minder elegant, mehr oder minder dröhn- und klapperanfällig und mehr oder minder als Brutofen für den Motor ausgebildet, der auch mit Kühlluftgebläse oft sehr, sehr heiß wird und dann übelnimmt! Zum großen Unglück des Rollers gab es unmittelbar nach dem Krieg offenbar in Italien wie auch in Deutschland eine große Menge übriggebliebener Schubkarrenreifen der Größe 4.00 x 8, die sich für den Roller prächtig zu eignen schienen. Mit diesen Rädern konnte man, da sie ja nur rund 400 mm Durchmesser haben, Verschalungen bauen, die immerhin noch besser aussahen als ein fahrbarer Eisschrank – sie eigneten sich darüber hinaus vorzüglich für Stadtfahrten und gute Straßen – und zur Vertuschung schlechtliegender Fahrgestelle. Ergo – man nahm sie, und fast alle, die nach dem Bekanntwerden der Vespa-Erfolge ein Geschäft in Rollern witterten, folgten diesem aus der Not geborenen Beispiel". Zum anderen sahen die Fachjournalisten aber durchaus, dass sie sich einer neuen Gattung nicht einfach verschließen konnten, die große Umsätze anstrebte.

„Hat der Roller in Deutschland eine Zukunft?" fragte „Auto und Kraftrad" 1950. Ja, lautete die Antwort, denn Käuferschaft ist vorhanden: "So wie die Dinge heute liegen, wird man sagen dürfen, dass sich ein nicht unerheblicher Teil der Käufer aus jenen Kreisen rekrutiert, die normalerweise für eine Motorisierung noch nicht reif gewesen wären, das sind also jene, oftmals zitierten verhinderten Auto-

„Bärbeletta", deren Geschichte noch geschrieben werden muss

Mopeds aller Kategorien befinden sich in Engstingen

fahrer, Männer wie Frauen (...) Dann kommt eine neue Kategorie, das sind jene Frauen und Mädchen, die, wenn man es verantworten könnte, ein Auto steuern würden. Aber das geht nun mal nicht, und so bescheidet man sich gerne mit einem Roller, den man beim Einkaufen und beim Sport für praktisch findet".

Aber auch eine gewisse technische Anerkennung der neuen Gattung war zu finden. So schreibt Carl Hertweck in „Das Motorrad": „Kleine Räder bringen zwischen sich Raum, viel mehr Raum, als man für den Motor braucht, und eben diesen Raum soll man dem Fahrer zur Verfügung stellen. Der Roller ist doch das bis dato einzige Zweiradfahrzeug mit Passagierraum und man sollte das klar erkennen." Und: „Es geht beim Motorroller wohl in erster Linie um Fußfreiheit, Handlichkeit und um den beim Motorrad leider so mangelhaften Schmutzschutz" (A. W. Mantzel).

Das weitere Umfeld

Doch kehren noch einmal zurück ins Museum. Dort finden wir außer den beschriebenen Kleinrollern auch ihre direkte und indirekte Verwandtschaft. Das wären zum Beispiel die Hilfsmotoren, die als Triebwerke benutzt wurden. Engstingen bietet mehr als ein Dutzend davon, zeigt beispielsweise Lutz, Rex, Zündapp Combimot und Victoria an ihrem ursprünglichen Einsatzort – am Fahrrad.

Auch die nächste Entwicklungsstufe dieser Gattung, das Moped, ist mit circa zwei Dutzend Fahrzeugen umfassend dokumentiert. Ebenfalls rund zwei Dutzend beträgt die Zahl der „ausgewachsenen" Roller im Museum. Da lassen sich direkte Vergleiche zwischen den verschiedenen Bauweisen und technischen Entwicklungsstufen ziehen wie wohl sonst nirgendwo. Schlachtschiffe von Franke, Maico, Bastert und Goggo sind zu bewundern, die Alltagsroller von NSU, Heinkel und Zündapp sind vertreten wie auch seltenere Modelle von Dürkopp, Triumph, Progress, Achilles, Kroboth, Röhr und DKW.

Vom vollkarosserierten Roller wechselte man in den fünfziger Jahren gern zum Kleinst- oder Kleinwagen. Auch hier bietet Engstingen ein verblüffendes Sortiment: Fuldamobil, Brütsch Mopetta, Champion, Fend-Flitzer, Heinkel-Kabine, Iseatta, Janus, Messerschmitt und Lloyd – um nur einige zu nennen. Als Dreingabe gibt es eine beachtliche Kollektion von Wirtschaftswunder-Klassikern auf zwei und vier Rädern, so dass auch die Freunde von BMW, NSU, Horex, VW und Porsche nicht zu kurz kommen.

Engstingen liegt südlich des Ballungsraums Stuttgart, am Aufstieg zur Schwäbischen Alb, wo Schwaben wieder romantisch wird, wo es Bären- und Nebelhöhlen, Schlösschen und Burgen gibt. Betreiber des Automuseums ist die Gemeinde Engstingen, Stifter eines Großteils der Sammlung aber der Privatmann Martin Sauter. Ihm geht es darum, die Formierungsphase des „Wirtschaftswunders", in etwa also die Jahre1948 bis 1958, mit technischem Gerät zu dokumentieren. Damit werden alle Phasen der Kleinmotorisierung auf zwei und vier Rädern bis zu den Wirtschaftswunder-Klassikern erfasst. Selten ist die Fahrzeugtechnik dieser Zeit so umfassend dargestellt wie in Engstingen.

Öffnungszeiten
Samstags und sonntags 10 bis 17 Uhr (in der Zeit zwischen Ostern und Ende Oktober)
Dienstag bis Sonntag 10 bis 17 Uhr (in den Osterferien sowie den Kalenderwochen 30 bis 37)

Adresse
Automuseum Engstingen, Kleinengstinger Straße 1, 72829 Engstingen

Anfragen
Rathaus Engstingen, Kirchbergstraße 6, 72829 Engstingen, Telefon 07129 / 93990, Fax 9399-99

In der Audi-Box vor dem Rennen

Schneiders Traumjob

von Jürgen Nöll

Ein Samstagmorgen im September, kurz vor sieben Uhr: Gerade habe ich mit meinem Wagen das Fahrerlager des Hockenheimer Motodroms erreicht. Ein mürrischer Helfer checkt meine Durchfahrtsgenehmigung, während seine Kollegin meine Teilnehmerkarte entwertet. Es ist kühl, dunkle Wolken lassen nichts Gutes ahnen. Auf meinem Weg zu den Boxen begegnen mir vereinzelt verschlafene Gestalten mit Handtuch und Waschetui bewaffnet, unterwegs in Richtung Waschraum. Ansonsten herrscht gespenstische Stille im überfüllten Fahrerlager. Wenige Minuten später das gleiche Bild in den Boxen. Die meisten Tore sind noch geschlossen, Fahrer und Mechaniker scheinen bis zur letzten Minute in ihren Schlafsäcken auszuharren. Kein Wunder bei diesem Wetter.

Ein ganz und gar gegensätzliches Bild bietet sich mir in der Audi-Box. Neben zwei Renn-Prinzen stehen die stromlinienverkleideten Weltrekordmaschinen aus dem Jahre 1956 und auf der gegenüberliegenden Boxenseite ein ganzes Rudel NSU-Werksrennmaschinen, die heute und morgen wieder einmal nach Herzenslust brüllen dürfen. Hier werden schon die Vorbereitungen getroffen für das in wenigen Stunden beginnende Training. Der Reifendruck wird geprüft, korrigiert, Kraftstoff und Motorenöl aufgefüllt und Batterien werden geladen, damit es später an den Rennkerzen ordentlich funkt. Nachdem die Kettenspannung an den Maschinen überprüft und korrigiert ist, erhalten alle Ketten eine Portion Fett, und schließlich werden sämtliche Maschinen unter Verwendung eines geheimnisvollen Sprays auf Hochglanz gebracht. Hinter der Absperrung, für die später erwarteten Besucher unerreichbar, stehen diverse Werkzeugschränke, in denen alles seinen festen Platz hat. Auf einem dieser Schränke liegen, neben einer Liste mit allerlei Eintragungen, die Warmlaufkerzen der Renner bereit, während in einem separaten Behälter die Rennkerzen mit Wärmewerten zwischen 340 und 480 auf ihren Einsatz warten.

"Morgen Wolfgang" begrüße ich den Mann mit der Sprühflasche. Als er zu mir aufschaut, ist unschwer zu erkennen, dass er sein erstes Hemd bereits durchgeschwitzt hat. "Morjen, bis de uch schun do?" erwidert er in tiefster Eifeler Mundart. Klingt etwas ironisch, ist aber ganz und gar nicht so gemeint. Er hat tatsächlich noch niemand zu so früher Stunde er-

Schneider strippt den „Baumm'schen Liegestuhl" für Fotoaufnahmen

Die Weltrekord-Maschine Delphin III aus dem Jahre 1956. Sie war beim großen Oldtimer-Festival im September in Hockenheim zu bewundern

Dies ist der Rennfox-Rahmen für die Kurzheck- Verkleidung, der beim letzten WM-Lauf 1954 in Monza eingesetzt werden sollte. Durch den tragischen Tod des Weltmeisters Ruppert Hollaus kam er nicht mehr zum Einsatz. Schneider würde die Maschine gerne originalgetreu wieder aufbauen

wartet. Im Gegensatz zum professionellen Motorrad-Rennsport, bei dem heute für jede Maschine mindesten zwei oder drei Mechaniker zur Verfügung stehen, ist Wolfgang Schneider nämlich Solist: Transportunternehmer, Tankwart, Restaurator, Mechaniker und Technik-Direktor, alles in einer Person. Wo denn die anderen seien, will ich von ihm wissen. Die anderen, das sind die Mitarbeiter der Audi Tradition, die für die ganze Organisation zuständig sind und die letztendlich entscheiden, welche der ruhmreichen Maschinen bei welchen Veranstaltungen eingesetzt werden. "Die sind im Anmarsch, kommen so in etwa einer Stunde direkt aus Neckarsulm." Er bemüht sich, mit allem fertig zu sein, bevor die Mannschaft eintrifft. Sauber und aufgeräumt soll sich die Audi-Box den Besuchern präsentieren. So, als würden davon die Umsatzzahlen der NSU-Motorräder abhängen, deren Produktion schon vor 40 Jahren eingestellt wurde. Bereits am Vortag hat er die Maschinen nach Hockenheim gebracht, alte Rennbilder an die tristen Boxenwände gehängt und alles ein wenig besucherfreundlich gestaltet. Erstmals werden auch die neu restaurierten Weltrekord-Maschinen aus dem Jahr 1956 in Hockenheim gezeigt.

Genau zwei Jahre ist es her, seit ich Schneider hier in Hockenheim zum ersten Mal traf. Ich hielt ihn für einen Audi-Mitarbeiter, weil die ganze Crew einheitliche Hemden mit dem Firmen-Logo trug und er sich so intensiv um die, mir vom Rennsportmuseum Hockenheim zur Verfügung gestellte Rennfox kümmerte. Später erzählte er mir von seiner Leidenschaft zur Marke NSU, die schon begann, als er noch nicht einmal im Besitz eines Führerscheins war, mit abgelegten Fünfziger-Jahre-Maschinen, in einer Zeit, in der kaum jemand Motorrad fahren wollte. Dann kam die automobile Zeit mit diversen Einsätzen auf dem nahegelegenen Nürburgring. Doch was immer er bewegte, es musste das NSU-Emblem besitzen. Irgendwie fand Schneider wieder zurück zum Motorrad. Nachdem er das Kfz-Handwerk von der Pike auf gelernt hatte und nebenher für Gott und die Welt Fahrzeuge reparierte, entschloss er sich vor einigen Jahren, sein eigenes Geschäft zu gründen und Motorräder zu restaurieren. Von Mopeds über die 98er Quick bis hin zu schweren Harleys, Schneider schraubte an allem, was ihm in die Hände fiel. Und dann traf er irgendwann einmal die Leute aus dem Hause NSU GmbH.

Nun muss man wissen, dass die vor wenigen Jahren neu gegründete NSU GmbH zum Automobilhersteller AUDI gehört und zusammen mit dem Geschäftsbereich AUDI TRADITION die Historie der beiden Unternehmen pflegt, einschließlich der von DKW. Und von eben diesen Leuten erhielt Schneider den Auftrag, einen Kompressor- Rennwagen aus dem Jahr 1926 zu restaurieren. Eigentlich die Chance schlechthin, den Verantwortlichen des Unternehmens sein Können zu demonstrieren.

Während man sich in Ingolstadt unterdessen um die Wiederherstellung der legendären Sechzehnzylinder Auto Union Rennwagen kümmerte und ganz nebenbei die eine oder andere DKW-Werksrennmaschine zurückkaufte, wurde den Neckarsulmern eine ganze Sammlung ehemaliger NSU- Werksrennmaschinen angeboten. Glücklicherweise bewies die Unternehmensleitung von Audi die erforderliche Weitsicht, von dem wohl einmaligen Angebot Gebrauch zu machen und mehr als zwei Dutzend Maschinen mit vielen, vielen Ersatzteilen einzukaufen. Mit einem reichhaltigen Ersatzteilangebot war das Unternehmen nun sogar in der Lage, seine historischen Rennmaschinen wieder auf Rennstrecken zu schicken und sie so der Öffentlichkeit zu präsentieren. Nur mussten diese Maschinen, die zum Teil mehrere Jahrzehnte in Museen ausgestellt waren, zuerst wieder in einen fahrfähigen Zustand versetzt werden. Die Zeit für Schneiders Traumjob war gekommen. Für ihn hatten sich die bei Audi Tradition Verantwortlichen entschieden. Er sollte nach und nach alle Maschinen in seiner Werkstatt aufarbeiten, fahrfertig machen und sie später bei den geplanten Einsätzen auch technisch betreuen.

Irgendwann im Frühjahr machte ich mich dann auf den Weg in dieses kleine Örtchen in der Eifel, dessen Name ich noch nie zuvor gehört hatte, um "Schneiders Welt" einmal näher kennenzulernen.

Schon der erste Blick in seine Werkstatt lässt das Herz eines jeden Motorradfans höher schlagen: Fein nebeneinander aufgereiht, drei Werksrennföxe aus den Jahren 52/53. Mit den auf Hochglanz gebrachten Aluminiumtanks und den frisch lackierten Rahmen ähneln sie soeben entstandenen Repliken. "Von wegen Nachbau..." begegnet Schneider meinen fragenden Blicken, "...alles Originalteile. Entsprechend der Rennfox-Entwicklung besitzen alle drei Maschinen unterschiedliche Motoren. Die erste hat den Schrägkopf von 1952, der damals dem Vierzylinder abopeiert wurde, die zweite hat den 53er Einnockenkopf und die ganz rechts den Doppelnockenkopf aus dem gleichen Jahr. Und hier um die Ecke stehen die Rennmäxe. Die hier hat der Haas in Assen gefahren und die der Baltisberger." Auf einem halbhohen Arbeitstisch steht ein nackter, offensichtlich noch nie benutzter Rahmen. "Das ist auch etwas ganz besonderes. Weißt du was das ist? Das ist der Rennfox-Rahmen mit dem stromlinienverkleideten Heck, den H. P. Müller 1954 beim Großen Preis von Italien in Monza fahren sollte. Leider kam er wegen des Todessturzes von Weltmeister Ruppert Hollaus nicht mehr zum Einsatz. NSU hatte kurzfristig alle Maschinen zurückgezogen und den Motorradrennsport aufgegeben."

In einem Nebenraum kommen wir zu den "Operationstischen". Nie zuvor hatte sich mir die Gelegenheit geboten, den Motor der Rennmax, mit der NSU in den Jahren 1953 und 1954 die Motorrad-Weltmeisterschaft gewonnen hatte, von innen bestaunen zu können. All die filigranen, hochglanzpolierten Bauteile, die Kurbelwelle mit den ultraleichten und dennoch extrem belastbaren Pleuel. Die geschmiedeten Kolben und die besonderen Brennraumformen - ein Genuss für jeden Technikfan.

Und dann erzählt mir Schneider von Details der einzelnen Rennen. Welcher Fahrer mit der Maschine Nr. X und dem Motor Nr. Y bei welchem WM-Lauf gewonnen hat, ausgefallen oder gar gestürzt ist. Dabei belegt er mit einer umfangreichen Literatursammlung seine Angaben bis ins letzte Detail. Schneider könnte glatt ein Buch über die NSU- Renngeschichte schreiben, aber das gibt es leider schon.

Mittlerweile ist die NSU-Mannschaft in Hockenheim eingetroffen und zahlreiche Besucher bewun-

Und hier die Abteilung der Rennföxe. Aus alten NSU-Beständen entstehen derzeit drei Rennfox-Modelle, welche die einzelnen Entwicklungsstände der 125er Motoren widerspiegeln

Schneider in seinem gut sortierten Archiv

Der Rennfox-Motor, der im Winter 1952/1953 entstand. Da diese Einnocken-Version nicht den in sie gesetzten Anforderungen entsprach...

...wurde sie schnell wieder verworfen. Bis vor Kurzem wusste kaum jemand von der Existenz dieser erfolglosen Rarität

Das „Entlein mit dem schrägen Kopf" wurde die erste Rennfox genannt. Ihr 125er DOHC-Motor entstand durch die Amputation von einem der Vierzylinder der 500er Werksrennmaschine

Der wuchtige Zylinderkopf musste verdreht werden, da sonst der Vergaser nicht in den Serienrahmen passte

Mit diesem Doppelnockenmotor wurden die Neckarsulmer 1953 und 1954 Weltmeister. In der 54er Saison ging NSU damit neun mal an den Start…

…und kehrte neun mal als Sieger zurück

Einblick in die Vorderradbremse der Rennmax

Für Technikbegeisterte wird der Rundgang durch Schneiders „heilige Hallen“ zu einem unvergesslichen Erlebnis. So sieht also der Antrieb der beiden obenliegenden Nockenwellen der 1952er Rennfox aus

Und noch ein technischer Leckerbissen: Der geöffnete Zweizylinder-DOHC-Motor der Rennmax aus dem Jahr 1954 im Original-Montagebock der NSU-Rennabteilung. Seine Erfolge: Zwei deutsche Meisterschaften (250er und 350er Klasse) und die Straßenweltmeisterschaft

Im Operationssaal: Überprüfung eines Zylinders mit der Messuhr

Wurde von NSU noch geheim gehalten, als sich das Unternehmen schon längst vom Rennsport zurück gezogen hatte: Die Brennraumform der Zylinderköpfe der Rennmax

Kegelrad und Stirnräder zum Antreiben der beiden zweigeteilten Renn-Nockenwellen des Max-Motors. Der Motor hatte derart viel Power, dass Weltmeister Werner Haas öfters in der 250er Klasse schnellere Rundenzeiten fuhr, als die 350er Klasse

Alles noch vorhanden: Kugeln mit unterschiedlich hohen Auflageflächen zum Ausgleichen des Ventilspiels sowie das Originalwerkzeug zum Einsetzen in die Schlepphebel

Diese 54er Rennmax…

…ist kurz vor der Fertigstellung. Schneider legt letzte Hand an

Schneider überlässt nichts dem Zufall: Erst nachdem die kostbare Werksrennmax komplett durchgecheckt ist, geht es an den Start. Und nicht einmal das Anschieben der Maschine überlässt er anderen

Die NSU- Rennmax, dahinter das Team der Audi Tradition, sowie W. Schneider mit Mütze und der Autor rechts daneben

Wenn man weiß, dass die Maschine von einem Spezialisten wie Schneider gewartet wird, kann man sich voll und ganz auf das Wesentliche konzentrieren: das Fahren

Leider bleibt für gemeinsame Ausfahrten mit der Familie nur wenig Zeit...

dern die Maschinen. Als im Training meine Maschine im Volllastbereich Aussetzer hat, baut mir Schneider kurzerhand eine Zusatzlufteinrichtung für den Amal TT Racing-Vergaser ein. Schon sind wieder die Kerzen an den Maschinen herausgeschraubt, die Ketten frisch eingesprüht und die Ladegeräte angeschlossen. Kein Mensch sieht diesen Maschinen mehr an, dass wir uns vor einer halben Stunde noch eine Regenschlacht geliefert haben. Längst sind seine Hände mit einem Tuch über alle wichtigen Schrauben und Befestigungsschellen gehuscht, um etwa durch Vibrationen gelöste Bauteile wieder befestigen zu können. "Das war früher viel schlimmer", versichert er mir, "da musste alles mit feinem Draht gesichert werden. Die kannten noch kein Loctite." Und wenige Augenblicke später dann die Frage: "Hast du eigentlich schon dort drüben das Teil gesehen? Mit originaler Transportkiste und dem Luftfrachtaufkleber von Salt Lake City 1956!" Gesehen hatte ich das unscheinbare Gebilde schon, ihm aber keine Beachtung geschenkt. Ein Kessel mit Deckel und Zapfhahn, wie man ihn von Weihnachtsmärkten beim Glühwein-Ausschank kennt. "Nix Glühwein-Ausschank" schmunzelt er, "das ist der Kessel, in dem man unmittelbar vor den Rennen das Öl der Maschinen auf 90 Grad erhitzt hat, bevor es dann mit Kannen in die Öltanks eingefüllt wurde. Auf diese Weise waren die Motoren schneller auf Betriebstemperatur. Da staunst du, was? Die waren nicht blöd. Das Ding haben die 1956 sogar mit nach Amerika zu den Weltrekordfahrten auf dem Salzsee genommen. Hast du eigentlich gewusst, dass die Werksmannschaft von NSU 1954 mit ihren Rennföxen und Rennmäxen 24-mal zu Straßenrennen reiste, um sich mit der Konkurrenz zu messen? Rate mal, mit welchem Ergebnis. 24-mal gewonnen. Die waren in der 250er Klasse so stark, dass Moto Guzzi Mitte des Jahres aufgab und keine Werksrennmaschinen mehr in der 250er Klasse an den Start brachte."

Sonntag, 3. September, abends kurz vor sieben Uhr

Nach einem gelungenen Rennwochenende ohne nennenswerte Zwischenfälle zieht die Audi-Mannschaft eine positive Bilanz. Keine Ausfälle, keine Stürze, alle Maschinen heil. Vielleicht die beste Voraussetzung für eine Wiederholung im kommenden Jahr.

Das Fahrerlager hat sich geleert, nur hier und da erinnern ein zurückgelassener Reifen und ein paar leere Ölkanister an den Hockenheim Grand Prix für historische Rennmaschinen. Die Boxen sind verwaist, die Tore heruntergelassen. Am nächsten Wochenende werden sie anderen Teams zur Verfügung stehen.

Als ich zu meinem Wagen komme, sehe ich Wolfgangs Transporter noch in der Boxeneinfahrt stehen. Einsam und allein ist er beim Verzurren der kostbaren Maschinen. Zum letzten Mal in diesem Jahr, die Saison ist zu Ende. Schade, ging viel zu schnell. "Tschüss Wolfgang, bis zum nächsten Jahr, und komm' gut über den Winter. Noch gut zwei Stunden Autobahn und du hast es geschafft. Mutti und die Kids werden schon warten." "Ne, ne," kommt die Antwort, "die Maschinen nehm' ich nicht mit nach Hause. Die bringe ich jetzt noch nach Neckarsulm ins Werk und erst dann geht's zurück in die Eifel." Wieder mal Nachtschicht also. Aber so ist das eben mit Traumjobs.

Heiner Fleischmann – Europameister

1935 fuhr Heiner Fleischmann im Team mit Hans Schuhmann und Oskar Steinbach (v.l.)

von Thomas Reinwald

Vom Motorradbazillus infiziert wurde Heiner Fleischmann von seinem zehn Jahre älteren Bruder Toni Fleischmann. Beide kamen im oberpfälzischen Amberg zur Welt und Toni Fleischmann begann bereits Ende der zwanziger Jahre mit dem Motorradrennsport. Heiner, der am 2. Februar 1914 das Licht der Welt erblickte, kam zu dieser Zeit gerade aus der Schule und erlernte das Zweiradmechanikerhandwerk.

Der junge Heiner Fleischmann am Beginn seiner Karriere in den dreißiger Jahren

Mit 19 Jahren bekam er bei der Nürnberger Motorradfirma Triumph einen Arbeitsvertrag. Diesen hatte sein Bruder arrangiert, der zu dieser Zeit in der Triumphwerksmannschaft Motorradrennen, sowohl Straßen- als auch Zuverlässigkeitsrennen, fuhr. Allerdings wurde Toni Fleischmann bereits ein Jahr später von den NSU-Werken in Neckarsulm als Rennfahrer von Triumph abgeworben und er folgte dem Aufruf.

Als Mechaniker und Helfer nahm er seinen jüngeren Bruder gleich mit. Zwar lernte dieser durch seine Helferrolle von seinem Bruder sehr viel, doch Geld verdiente er damit nicht. Die Einnahmequelle sicherte ihm hingegen eine Arbeit bei NSU als Einfahrer für die serienmäßigen Motorräder.

Doch Heiner begnügte sich nicht lange mit der Rolle des Schraubers, sondern saß 1934 zum ersten Mal selbst auf einer Rennmaschine. In der Ausweisklasse startete er beim Hamburger Stadtparkrennen und konnte sogleich überraschenderweise einen Sieg verbuchen. Auch bei der Zuverlässigkeitsfahrt „2000 Kilometer durch Deutschland" nahm er erstmals teil, und auch hier wurde er mit einer Goldmedaille belohnt. Sein Rennfahrerdebüt verlief in diesem Jahr so erfolgreich, daß er für 1935 bereits in der Lizenzklasse starten mußte. Auf NSU fuhr Heiner Fleischmann bei Straßenrennen nun sowohl in der 350er als auch in der 500er Klasse bei fast allen Veranstaltungen mit und erregte durch seine Erfolge rasch Aufsehen bei Presse und Publikum. Wozu es allerdings in diesem Jahr noch nicht ganz reichte, das schaffte er im darauffolgenden Jahr, nämlich den Titelgewinn des deutschen Meisters in der Klasse bis 350 cm³. Diesen Erfolg konnte er 1937 wiederholen. Sein großes Fahrkönnen wird dadurch deutlich, daß er von zehn Meisterschaftsläufen achtmal siegte.

Der Amberger auf der Renn-DKW

Im nächsten Jahr mußte Heiner Fleischmann im NSU-Werksteam zusammen mit seinen Kollegen Hentze und Bodmer die neuen Kompressormotoren mitentwickeln, und da es doch erhebliche Probleme damit gab, war in diesem Jahr an keinen Meistertitel zu denken. Zudem vereitelten einige Stürze auch noch eine in Aussicht stehende gute Plazierung bei einigen Rennen. Neue Chancen boten sich ihm jedoch für die letzte Vorkriegssaison, als ihm von der Auto-Union ein gutes Angebot unterbreitet wurde. Unter den Fahnen von DKW startete er auf einer der sehr erfolgreichen DKW-Rennmaschinen.

Das DKW Werksteam bestand 1939 aus den Fahrern Walfried Winkler, Walter Hamelehle, Bernhard Petruschke, Ewald Kluge und eben Heiner Fleischmann. Bei DKW entwickelte man für diese Saison eine neue 250er und 350er Kompressormaschine. Ewald Kluge und Heiner Fleischmann sollten diese als erste fahren. Daß die Maschinen konkurrenzfähig waren, zeigte Fleischmann beim Saisonauftakt auf der Eilenriede am 16. April 1939, den er in der 350er Klasse gewann. Der 250er Sieg fiel an Teamkollege Ewald Kluge. Ein gutes Omen für die kommende Saison? Sieg und Niederlage wechselten sich auch hier ab, doch die Siege überwogen. Gewinne bei den internationalen Läufen in Frankreich und Schweden sowie vordere Plätze bei den Rennen Ulster Grand Prix, dem Lauf in Francorchamps sowie bei der Tourist Trophy reichten Heiner Fleischmann, um sich den begehrten Titel des Europameisters – und damit den damals höchsten Titel im Motorradsport – an die Fahnen heften zu können. Unterm Strich war es das bislang erfolgreichste Rennfahrerjahr, denn neben dem Europameistertitel wurde er auch wieder deutscher Meister der 350er Klasse.

Das war zunächst das Ende vom Rennsport, denn der Zweite Weltkrieg vereitelte weitere Aktivitäten. Heiner Fleischmann absolvierte die Kriegszeit als Soldat. Bis 1945 mußte er die Uniform tragen, doch bereits kurz nach Kriegsende hegte er Pläne für seine sportliche Zukunft. Bei den NSU-Werken fand er dafür Gehör. Nach kurzer Zeit wurde unter viel Improvisationsarbeit bei NSU wieder eine Rennmaschine aus Vorkriegsteilen für den Amberger hergerichtet, und Heiner Fleischmann gehörte mit zu den Nachkriegspionieren der wiederauflebenden deutschen Motorradsportszene.

Die offizielle Autogrammkarte von Heiner Fleischmann im Jahre 1939, als er für die Auto-Union/DKW fuhr

Aus den Fahrern Winkler, Hamelehle, Fleischmann, Petruschke und Kluge (v.l.) bestand 1939 die Auto-Union/DKW-Werksmannschaft

Heiner Fleischmann (rechts) auf der Ehrenrunde nach dem Lauf am 2. August 1946 in Hockenheim

Fleischmann fuhr mit einer Einzylinder-NSU, die noch ein Starrahmenfahrwerk besaß, sowohl in der 500er Klasse als auch in der 350er Wertung mit. Doch ganz reibungslos lief es auch für ihn nicht immer, so beim Braunschweiger Stadtrennen 1947, als er an zweiter Stelle hinter Kurt Mansfeld (DKW) liegend durch einen Motorschaden das Motorrad vorzeitig an die Box stellen mußte. Das gleiche Schicksal ereilte ihn auch beim Meisterschaftslauf in Nürnberg am 18. Mai 1947, dem ersten Nackriegsrennen auf bayerischem Boden.

In dieser kurzen Nachkriegszeit zeichnete sich schon ein Duell mit seinem Erzrivalen, dem BMW-Fahrer Georg „Schorsch" Meier, ab. Beide Rennfahrer kamen sich auch menschlich niemals näher, und der Kampf der beiden war auch gleichzeitig noch ein Duell der beiden Fabrikate NSU und BMW. Während es in diesem Jahr in der (erstmals nach dem Kriege wieder vergebenen) Halbliterstraßenmeisterschaft nicht ganz zum Titel reichte, der an Fleischmanns Erzrivalen Georg Meier fiel, konnte er hingegen die Bergmeisterschaftswertung in der 500er Klasse für sich entscheiden.

In dieser Disziplin sorgte vor allem seine Rekordfahrt am Eggberg für Aufsehen und Schlagzeilen. Mit einer Durchschnittsgeschwindigkeit von 93,5 km/h raste Fleischmann die kurvenreiche Strecke dem Gipfel entgegen. Nach der Zieldurchfahrt wurden an seiner Rennmaschine am unteren Teil des Einzylinderkönigswellenmotors sogar Schleifspuren vom Asphalt festgestellt, was damals die Fachwelt erstaunen ließ, denn solch eine Schräglage galt bis dato als nicht fahrbar. Bei einer nachträglichen Rekonstruktion der Fahrweise waren sich alle Beteiligten, einschließlich der Vertreter der Reifenindustrie, einig, daß diese enorme Schräglage eigentlich nicht möglich sei! Daß diese Fahrweise für Fleischmann jedoch keine Ausnahme darstellte, bewies er auf der gleichen Strecke im Jahr darauf erneut. Seine Rekordzeit von 1947 überbot er dabei nochmals, so daß diesmal der Durchschnitt sogar bei 95,4 km/h lag. Das Bemerkenswerte dabei war jedoch, daß er immer noch die gleiche Einzylindermaschine mit dem Starrahmen fuhr, mit der er nach dem Kriege wieder begonnen hatte.

Hier haben Wilhelm Herz (rechts) und „der Heiner" gut lachen, denn es hat wieder für Lorbeeren gereicht

Zu Beginn der Sportsaison 1948 hatten die NSU-Werke bekanntgegeben, daß die kleine Rennsportabteilung aufgelöst würde und die Maschinen an die Fahrer abgegeben würden. Fleischmann fuhr weiterhin mit seiner vertrauten Einzylinder-NSU und konnte damit immer noch ganz vorne mitfahren. Siege beim Braunschweiger Stadtparkrennen, dem Nahepokallauf in Bad Kreuznach, beim Premierenlauf in Reutlingen oder in Mainz, um nur einige zu nennen, standen auch Ausfälle wie beim zweiten Straßenrennen in Garmisch-Partenkirchen gegenüber, bei dem Fleischmann mit Karl Rührschneck (DKW) um die Spitze kämpfte und an der NSU die Kette riß, so daß er den Rest des Rennens von der Box aus zuschauen mußte.

Mitte des Jahres 1948 bekam er erfreuliche Post von den NSU-Werken, denn dort hatte man sich durchgerungen, wieder in den Straßenrennsport einzusteigen und rechnete mit Heiner Fleischmann. Er ging auf das lukrative Angebot ein und gehörte zusammen mit Wilhelm Herz und dem Gespann-As Hermann Böhm mit Beifahrer Karl Fuchs zum NSU-Werkskader.

Für 1949 mußte der Amberger nun aber von seiner treuen Einzylinderkönigswellen-NSU lassen und setzte die Werkskompressor-NSU unter seiner legendären Startnummer 11 in der Halbliterklasse ein. Auch in dieser Saison hieß das Duell stets Fleischmann auf NSU gegen Meier auf BMW, wobei des öfteren auch der zweite BMW-Fahrer „Wiggerl" Kraus ins Geschehen mit eingriff. Durch die kompres-

Die traute Zweisamkeit im Pkw zwischen Heiner Fleischmann und seinem ärgsten Konkurrenten Georg Meier (rechts) täuscht über die wahre Beziehung der beiden Bayern hinweg

sorgeladene NSU hofften natürlich viele Zuschauer, daß es zu einem hitzigen Gefecht mit der ebenfalls kompressoraufgeladenen BMW kommen würde. Doch bereits beim Saisonauftakt in Neuwied zwang Fleischmann eine defekte Zylinderkopfdichtung vorzeitig zur Aufgabe. Es zeigte sich schon bald, daß die Kompressormotoren noch nicht ganz ausgereift waren, doch die Werksabteilung bei NSU setzte alles in Bewegung, damit die Motoren standfester wurden.

Heiner Fleischmann fuhr neben der neuen Maschine im Verlauf der Saison auch wieder seine private Einzylindermaschine und belegte damit einen zweiten Platz sowohl in der 350er als auch in der 500er Klasse beim Freiburger Bergpreis Schauinsland. Beim Bad Reichenhaller Stadtrennen gewann er sogar beide Klassen.

Alles in allem war das Jahr 1949 durch die Höhen und Tiefen der Kompressor-NSU geprägt, denn wenn die Maschine lief, kam es oftmals zu den von den

Das NSU-Rennteam im Jahre 1949 mit den Fahrern Hermann Böhm und Klaus Fuchs (in weißen Pullovern), in der Mitte Wilhelm Herz und im Seitenwagen kniet Heiner Fleischmann

Zuschauern erwarteten harten Kämpfen zwischen Fleischmann und den beiden BMW-Haudegen Meier und Kraus. Doch die Ausfälle und schlechten Plazierungen aufgrund der Probleme waren die Mehrzahl, so daß in diesem Jahr kein Meistertitel an den Amberger ging.

Trotz all der Rückschläge sahen die NSU Entwickler, daß der Weg in die richtige Richtung ging und so setzten sie auch für die Sportsaison 1950 auf die Kompressortriebwerke, die in diesem Jahr zum letzen mal erlaubt waren. Wieder bestritt Fleischmann die Halbliterklasse mit seiner Startnummer 11, der Erzrivale Meier trug die Nummer 1. Das spektakulärste Rennen in dieser Saison war gleich der Saisonauftakt auf der Eilenriede, bei der sich Meier und Fleischmann in einem spannenden Rennen bis aufs Ärgste bekriegten. Fleischmann trieb die wuchtige, fast 200 kg schwere, mit dem großen Tank sehr hochlastige NSU so erbarmungslos über die Piste, daß der „Schorsch" mit der wesentlich leichteren BMW nur anfangs die Führung übernehmen konnte. Pro Runde kam Fleischmann immer näher heran, überholte ihn schließlich und gab diese Führung unter tosendem Beifall der Zuschauer bis ins Ziel nicht mehr ab. Dieser Sieg war ganz wichtig für die NSU-Mannschaft, bewies er doch, daß die Kompressormaschine in ihrem letzten Jahr den lange überlegenen BMW nun mindestens ebenbürtig, wenn nicht gar besser, war.

An diesem Tag hatte neben Fleischmann auch noch das Gespannduo Böhm/Fuchs seinen Lauf vor BMW gewonnen. Das war einer der Momente, wo der spendable Lebemann Hermann Böhm spontan in ein Hotel ging, an der Rezeption sagte, daß er für den Abend das Hotel komplett miete, und schon wurde mit der gesamten Mannschaft bis weit in die Nacht hinein gefeiert. Fleischmann und Böhm waren neben der Rennfahrerei auch sonst sehr gute Freunde geworden, und Fleischmann war des öfteren Gast in Böhms großer Villa in Erlangen-Baiersdorf.

Mit dem gewonnenen Meisterschaftslauf auf der Eilenriede war das NSU-Team natürlich hochmotiviert und hoffte auf Wiederholung des Sieges bei den nächsten Rennveranstaltungen. In Hockenheim sprang jedoch Heiners 500er Maschine erst sehr spät

Läuft alles Rund – Getriebe, Motor und Kompressor? Ein Routinier wie Heiner Fleischmann hörte selbst kleinste Abweichungen

Schleizer-Dreieck-Rennen 1950: die schwere Kompressor-NSU unter dem Amberger in voller Fahrt. Die Ziellinie überquerte er bei diesem Lauf als zweiter

an und das Feld war schon enteilt. Fleischmann jagte die NSU aber dermaßen erbarmungslos über den Kurs, daß er schon bald an Meiers BMW herankam. Auf die günstige Gelegenheit zum Überholen wartend, sah Fleischmann plötzlich, wie das Hinterrad der BMW wegschmierte und Meier zu Boden ging. Fleischmann war so nah aufgeschlossen, daß er nicht mehr ausweichen konnte und ebenfalls stürzte. Beiden war zwar nicht viel passiert, aber Heiner mußte mit gebrochenem Arm ins Krankenhaus eingeliefert werden. Unmittelbar vor dem Lauf am Nürburgring am 10. Juni 1950 verließ er das Krankenhaus schon wieder. Ob er mit dem noch nicht richtig verheilten Bruch jedoch die schwere Kompressormaschine fahren konnte, blieb fraglich. Er fuhr, konnte diesmal aber natürlich nicht die volle Kraft einsetzen. Trotzdem belegte er einen dritten Platz, hinter Meier und Kraus.

Einen zweiter Platz konnte er beim Lauf am Schleizer Dreieck verbuchen, beim Lauf in Hohenstein Ernstthal verwies er „Schorsch" Meier auf die Plätze. Vor dem Finallauf am Nürnberger Noris-Ring-Rennen war allerdings die Meisterschaft schon entschieden, denn selbst ein Sieg Fleischmanns reichte nicht mehr aus, um den Meistertitel Georg Meier abzunehmen. Trotzdem gab der Amberger auch diesmal wieder alles. Am Anfang sah noch alles optimal für Heiner Fleischmann aus, denn Meier mußte die Zündkerze während des Rennens wechseln und fiel damit zunächst auf den vierten Platz zurück, doch durch seine rabiate, verwegene Fahrweise machte er wieder Boden gut. Es reichte aber nicht, sodaß der Zieleinlauf am Ende des Rennens lautete: Fleischmann vor Meier.

Da sich in der Sportsaison 1950 sowohl die Zuschauer als auch die Presse auf die spannende Halbliterklasse konzentrierten, ging fast unter, daß der Amberger in der 350er Klasse durch sechs Siege bei acht Läufen überlegen die deutsche Meisterschaft gewonnen hatte. Mit diesem krönenden Abschluß beendete der mittlerweile 36jährige Heiner Fleischmann seine letzte komplette Saison als Rennfahrer. Für 1951 setzte NSU auf einen Reihenvierzylinder, der aufgrund des Kompressorverbotes schon

1950 wurde die fast 200 kg schwere Kompressormaschine zum letztenmal eingesetzt. Hier die hochlastige, wuchtige Maschine unter Fleischmann in der 350er Klasse

1950 entwickelt wurde. Heiner Fleischmann, Hermann Böhm mit Beifahrer Fritz Höller und Wilhelm Herz bildeten auch in diesem Jahr das Werksteam. Doch die Erwartungen in den neuen Motor erfüllten sich keineswegs. Fleischmann konnte sich mit zwei dritten Plätzen bei den Meisterschaftsläufen am Feldberg und in Schotten nicht zufrieden geben und gab während der Saison den Motorradrennsport für immer auf.

Heiner Fleischmann im Gespräch mit dem NSU-Techniker Otto Mack, der die NSU-Rennmaschinen stets gewissenhaft vorbereitete

Es folgte nach der Beendigung seiner Zweiradkarriere noch ein kurzes Statement auf vier Rädern, als er 1953 mit einem VW für den Gau-Nordbayern noch an einigen Zuverlässigkeitsveranstaltungen teilnahm. Danach widmete er sich aber endgültig ganz seiner neuen Berufsrolle als Hotelier. Das Hotel betrieb er bereits seit 1947. Der stets lustige, zu allen Späßen aufgelegte Oberpfälzer starb am 25. Dezember 1963 nach schwerer Krankheit. Am Rande bemerkt sei noch, daß „der Heiner mit der Startnummer 11" in seiner aktiven Zeit so bekannt war, daß jedes Kind ihn kannte und auch der damalige Blechspielwarenhersteller Huki ein nachgebildetes Kompressor NSU-Modell mit der legendären Startnummer 11 herausbrachte.

Gespannstraßensport

Die Ära von BMW

von Thomas Reinwald

Der Gespannsport war in der Nachkriegsära wie kaum eine andere Rennserie von der Dominanz der BMW-Motoren geprägt. Diese Vorherrschaft zeichnete sich zu Beginn keineswegs ab. Als 1949 zum ersten Mal eine Weltmeisterschaft ausgetragen wurde, konnte sich der Engländer Eric Oliver mit zwei Grand-Prix-Siegen den ersten WM-Titel sichern. Oliver fuhr ein Norton-Gespann, im Boot saß Denis Jenkinson; deutsche Fahrer durften noch nicht international teilnehmen. 1950 wiederholte Oliver den Titelgewinn und auch 1951 gehörte der Gespanntitel ihm. Beide Male fuhr der Italiener Lorenzo Dobelli im Seitenwagen von Olivers Norton-Gespann. 1952 mußte er sich seinem Landsmann Cyril Smith geschlagen geben, doch auch dieser fuhr ein Norton-Gespann. Die englische Vorherrschaft war unangefochten, einzig mit einem sechsten Platz beim heimischen WM-Lauf auf der Solitude konnte das BMW-Duo Noll/Cron einen zunächst bescheidenen Akzent setzen. 1953 fiel die WM-Krone an Oliver/Gibbon zurück. Erneut gab es kleine BMW-Lichtblicke, so Noll/Cron, als sie den sechsten Platz beim WM-Auftakt in Belgien belegten, und auch das Duo Hillebrand/Grunwald setzte sich mit dem sechsten Platz beim Finallauf in Monza erstmals international in Szene.

1954

1954 war schließlich das Jahr, in dem die englische Dominanz erstmals in Gefahr war. Beim Saisonauftakt auf der Isle of man liefen hinter dem Siegerduo Oliver/Nutt gleich drei BMW-Gespanne ein. Hilleb-

Als die deutschen Rennfahrer noch nicht international an den Start gehen durften, entwickelte sich die Rennszene lediglich auf nationaler Ebene. Mit Beginn der fünfziger Jahre waren die Gespanne noch sehr an den klassischen Motorrädern mit Seitenwagen orientiert

Ludwig „Wiggerl" Kraus mit seinem Beifahrer Bernhard Huser war einer der ersten Fahrer, die ein BMW Gespann gegen die internationalen Größen behaupten konnten. Als sie beim Lauf auf dem Hockenheimring 1951 Weltmeister Eric Oliver knapp schlugen, wurden sie zu Helden der deutschen Gespannfreunde

rand/Grunwald, Noll/Cron und Schneider/Strauß hießen die deutschen BMW-Fahrer. Beim nächsten Lauf, dem Ulster Grand Prix, wurde erneut Oliver mit seinem Norton als erster abgewunken, doch auch hier fuhren wieder Noll/Cron, Hillebrand/Grunwald und Schneider/Strauß auf die Plätze drei bis fünf. Beim dritten WM-Lauf gab es wieder einen Sieg für Oliver. Noll folgte diesmal auf Platz zwei. Es schien nach drei von sechs Läufen erneut, als wenn Oliver die WM nach Hause fahren würde. Doch das Blatt wendete sich, denn Noll/Cron zeigten nun ihre ganzen Fähigkeiten und belegten beim Heim Grand-Prix auf der Solitude vor Schneider/Strauß den ersten Platz, beim Schweizer Grand-Prix in Bern gab es erneut einen Sieg (damit punktgleich mit Oliver) und auch beim Finallauf in Monza holten sie die maximale Punktzahl – und wurden Weltmeister. Oliver hatte Pech, denn bei den drei letzten Läufen konnte er mit einem fünften Platz nur einmal Punkte sammeln. Wegen eines gebrochenen Armes war er in Italien nicht am Start. BMW rüstete Noll/Cron werksseitig mit Einspritzmotoren aus, während Faust/Remmert sowie Hillebrand/Grunwald erst im Laufe der Saison solche bekamen. In der DM wurden Hillebrand/Grunwald als beste Privatfahrer gewertet und wurden zudem auch noch Deutscher Meister.

Mit dem Anschluß an die Weltspitze kam für die BMW-Equipe immer noch die größte Konkurrenz aus England, nämlich in Form von Smith/Dibbon. Die Weltmeister setzten zu Beginn der Saison auf den

Eric Oliver (Weltmeister 1949, 1950, 1951 und 1953) mit seinem Beifahrer Lorenzo Dobelli auf der Solitude 1952 – der Beifahrer mit bemerkenswerter Akrobatik

Vergasermotor. Doch sollte sich die englische Konkurrenz als sehr stark erweisen, hoffte man darauf, einen Werks-Einspritzmotor zu bekommen. In Barcelona, dem Saisonauftakt, lief für Faust/Remmert alles perfekt, und sie beendeten den Lauf als erste – vor Smith/Dibbon. Der zweite Lauf war die TT. Erneut war ein BMW-Gespann das schnellste, diesmal das Duo Schneider/Strauß. Der dritte Grand-Prix auf dem Nürburgring wurde zur Beute von Faust/Remmert, gefolgt von Noll/Cron und Schneider/ Strauß. Spa hieß die nächste Etappe. Dort sollten ursprünglich acht Runden absolviert werden, doch unvorsichtigerweise wurde bereits nach sieben abgewunken – die Sieger hießen Noll/Cron. Zweite wurden Faust/Remmert und den dritten Platz belegten Schneider/Strauß. Nach vier Läufen sah das Klassement so aus: Faust/Remmert mit 22 Punkten vor Schneider/Strauß (16) und Noll/Cron (14), dann kamen erst abgeschlagen Smith/Dibbon mit nur sechs Zählern. Oliver konnte aufgrund seines nach wie vor nicht auskurierten Armbruchs in der gesamten Saison nicht eingreifen. In Assen konnten Willy Faust/Karl Remmert ihren Punktevorsprung mit einem weiteren Sieg nochmals ausbauen und wurden damit Weltmeister des Jahres

Das Weltmeisterpaar 1955: Willy Faust und Karl Remmert

1955. Dazu holten sie sich auch noch die Lorbeeren des Deutschen Meisters. Der Finallauf in Monza war damit unwichtig geworden, ihn gewannen Noll/Cron vor Schneider/Strauß.

1956

Beim Saisonauftakt 1956 auf der Insel Man hieß bis zur fünften Runde die Reihenfolge: Noll in souveräner Führung, gefolgt von Hillebrand/Grunwald. Doch

Der Weltmeister 1957: Fritz Hillebrand (rechts hinter dem Motorrad) und sein Beifahrer Manfred Grunwald (links hinter dem Gespann). Letzte Instruktionen vor dem DM-Lauf auf dem Norisring am 5. August 1956

Startaufstellung der Gespanne zum DM-Lauf auf dem Norisring 1956: Noll/Cron (43), Hillebrand/Grunwald (52), Schneider/Strauß (34) und Fath/Ohr (33) …

dann gab der BMW-Einspritzmotor von Noll den Geist auf. Der Weg war frei für Hillebrand/Grunwald, die sich den Sieg nicht mehr nehmen ließen. Die Überlegenheit schien jedoch beim nächsten Lauf in Assen in Frage gestellt, denn Hillebrand konnte dem bravourös fahrenden Engländer Pip Harris kaum folgen. Doch der Norton-Einzylinder war der Hatz nicht gewachsen und gab den Geist auf. Hillebrand konnte die Führung ins Ziel retten und feierte damit seinen zweiten WM-Sieg. Ihm folgten Noll/Cron. Belgien

Gewonnen haben das Rennen Hillebrand/Grunwald (mit Siegeskranz); als bester Privatfahrer wurde der junge und noch unbekannte Helmut Fath (links auf dem Siegerpodest) auf Platz drei gewertet. Fath sollte dem Gespannsport noch seine Note aufdrücken und vor allem zum Ärgernis von BMW werden

wurde zur Beute von Noll/Cron und nach der Hälfte der Saison lautete der Zwischenstand: Erste Hillebrand/Grunwald (19) vor Noll/Cron (14) und Harris/Campbell (12). Sage und schreibe 300 000 Zuschauer waren Augenzeuge, wie Noll/Cron den Heimat-Grand-Prix auf der Solitude überlegen gewannen. Zur Abrundung der BMW-Demonstration fuhren Hillebrand/Grunwald auf Platz zwei, und der bis dato noch unbekannte Helmut Fath mit seinem Beifahrer Ohr belegte den dritten Platz. Mit Schneider/Strauß belegte nochmals eine BMW den vierten Platz, ehe mit Smith/Dibbon die erste Norton ins Ziel kam. Der Ulster Grand-Prix brachte einen weiteren Sieg für Noll/Cron und damit waren sie wieder vorzeitig Weltmeister. Der nun eigentlich nicht mehr interessante Abschlußlauf in Monza brachte dennoch eine Überraschung: Das Brüderpaar Albino und Rossano Milani fuhren ihre Vierzylinder-Gilera derart beherzt um den Kurs, daß keine der BMW folgen, geschweige denn überholen konnte, so daß völlig überraschend erstmals eine Gilera ein Seitenwagenrennen gewinnen konnte.

1957

Der WM-Beginn 1957 fand auf dem Hockenheimring statt, und die nahezu 60 000 Zuschauer, die im Regen ausharrten, waren gespannt, wie sich die Fahrer über den Winter vorbereitet hatten. In gewohnter Manier fuhren die BMW-Gespanne den Norton-Gespannen auf und davon. In dem fast schon langweiligen Rennen gewannen Hillebrand/Grunwald schließlich mit der schnellsten Runde. Die beiden fuhr in diesem Jahr den 56er Vergaser-Werksmotor. Daß sie hiermit eine ausgezeichnete Wahl getroffen hatten, zeigten sie bei der TT, die sie vor Schneider/Strauß beendeten. Auf dem dritten Platz folgte der Schweizer Florian Camathias mit seinem Beifahrer Galliker – ebenfalls auf BMW. Camathias sollte in den Folgejahren dem Gespannsport noch seinen Stempel aufdrücken.

Gegen Fritz Hillebrand schien in dieser Saison kein Kraut gewachsen zu sein, denn auch den dritten Lauf, in Assen, gewann der draufgängerisch fahrende Deutsche. Der Glücksfaden riß dann jedoch in Belgien. Der BMW-Boxer lief nicht gut, doch ein dritter Platz reichte für Hillebrand/Grunwald, um sich als Weltmeister feiern zu lassen. Der Sieg fiel trotzdem an BMW, nämlich an Schneider/Strauß. Hillebrand/Grunwald wurden am Norisring, dem letzten nationalen Meisterschaftslauf, mit einem Sieg zudem auch noch Deutscher Meister. Allerdings war dies der letzte Sieg von Friedrich Hillebrand! Beim nicht zur WM zählenden, internationalen Rennen in Barcelona am 24. August 1957 kam das Weltmeisterpaar im Training von der Straße ab und prallte gegen einen Betonpfeiler. Der 39jährige Fritz Hillebrand erlag seinen schweren Verletzungen noch am Unfallort.

1958

Die Sportsaison 1958 stand erneut im Zeichen von BMW. Mit dem Duo Schneider/Strauß fanden die vier WM-Läufe ihren Meister, denn drei Siege – auf der TT, in Spa und auf dem Nürburgring – sowie ein zweiter Platz in Assen waren eine nahezu maximale Punkteausbeute. Zusammen mit dem WM-Titel fuhren sie auch den Titel des Deutschen Meisters nach Hause. Mit dem Tode von Fritz Hillebrand und mit dem Umstieg von Exweltmeister Willy Faust in der 1957er Saison auf vier Räder vertraten Schneider/Strauß alleine die BMW-Werksfarben. Doch Nachwuchs war schon in Sicht. Mit einem gewissen Helmut Fath fuhr ein talentierter Fahrer in Spa und in Assen jeweils auf einen dritten Platz. Wie Camathias, so fuhr auch Fath einen BMW-Motor.

Auch dieses Sportjahr endete wieder mit einer traurigen Nachricht, denn die 28jährige Ingeborg Stoll – eine der ganz wenigen Frauen im Gespannsport – verunglückte tödlich. Sie fuhr im Seitenwagen von Jaques Drion, war aber mittlerweile mit dem Beifahrer Manfred Grunwald verheiratet.

1959

Die Saison 1959 begann mit dem Lauf in Clermont-Ferrand. Wie im letzten WM-Rennen des Vorjahres, so deklassierte eine BMW-Armada auch hier die gesamte Konkurrenz, in dem sie die ersten sechs Plätze des Rennens belegte. Sieger wurden die Schweizer Scheidegger/Burkhardt, gefolgt vom Weltmeister-Gespann Schneider/Strauß. Den undankbaren vierten Platz erfuhr sich Helmut Fath mit seinem Copiloten Alfred Wohlgemuth. Daß der großartige Erfolg der Münchner Marke keine Eintagsfliege war, zeigte die TT. Hier liefen fünf BMW-Gespanne hintereinander über die Ziellinie. Erste wurden die Weltmeister Schneider/Strauß vor Camathias/Cecco und Scheidegger/Burkhardt.

Als nächster Lauf kam das Heimatgastspiel am Hockenheimring. 100 000 Zuschauer wollten die Rennmaschinen sehen. Daß Walter Schneider seine vom Start weg eroberte Führung schließlich an Camathias/Cecco abgeben mußte, lag daran, daß der Bayern-Boxer kurzzeitig aussetzte. Mit einer Minute Rückstand wurden Schneider/Strauß als zweite hinter Camathias abgewunken. Dritter wurde ein BMW-Gespann, das von Max Deubel gefahren wurde.

Der vierte WM-Lauf, in Assen, brachte als Sieger Camathias/Cecco hervor. Die WM-Leader Schneider/Strauß kamen diesmal nicht ins Ziel, denn ein defekter Motor brachte das vorzeitige Aus.

Das Finale wurde in Spa ausgetragen und Camathias übernahm sofort die Führung. Schneider/Strauß folgten, verloren aber durch einen schlechten Start etwas den Anschluß. Camathias hetzte über den Kurs und schien wie der sichere Sieger auszusehen und hätte damit auch noch Chancen auf den WM-Titel, doch dann – ein platter Seitenwagenreifen! Aus! Nun war der Weg frei für Schneider/Strauß, die nun die Führung übernahmen, diese nicht mehr abgaben und damit erneut Weltmeister wurden.

1960

Schneider/Strauß hörten auf und verkauften ihr Gespann an das Talent Max Deubel mit seinem Beifahrer Horst Höhler. Zum ersten Gespannlauf 1960 mußten die Beteiligten nach Clermont-Ferrand fahren. Camathias/Chisnell galten als mögliche Titelaspiranten, doch mußte man beim Debüt sogleich feststellen, daß beim diesjährigen Titelkampf auch das Duo Fath/Wohlgemuth und der Eidgenosse Fritz

Scheidegger ein Wörtchen mitreden wollten. Fath hatte einen hervorragend laufenden Einspritz-BMW-Motor und fuhr ein erstklassiges Rennen, bei dem er am Ende einen Vorsprung von 20 Sekunden auf seine Verfolger herausgefahren hatte. Diese waren zunächst über zig Runden lang Harris/Campell, doch ein Motorendefekt zwang die Engländer zum Aufgeben, wodurch Scheidegger/Burkhardt auf Platz zwei vorrückten und diesen auch am Ende ins Ziel retteten. Camathias fuhr auf Platz drei, doch diesem Resultat ging ein rundenlanger Kampf mit dem deutschen Juniorenmeister Deubel/Höhler voraus.

Die TT war der nächste Lauf. In der neuen Rekordzeit von 1 Stunde 20 Minuten und 45 Sekunden gewannen Fath/Wohlgemuth den Lauf. Zweite wurden Harris/Campell. In Assen, der Saisonhalbzeit, wurde das bisherige Bild vertauscht, denn Pip Harris wurde vor Fath/Wohlgemuth erster. Mit einem Sieg beim WM-Lauf in Spa unterstrich jedoch Fath seinen Titelanspruch erneut.

Der Finallauf fand in Deutschland auf der Solitude statt. Am 23. Juli 1960 wurden etwa 80 000 Zuschauer Zeuge, wie Fath/Wohlgemuth im Kampf mit Camathias/Fiston den Lauf für sich entschieden und damit zum ersten Mal Weltmeister wurden. Was die Zuschauer allerdings nicht sahen, war, daß Fath bis in die Morgenstunden an dem selbstaufgebauten BMW-Motor schraubte und noch gerade rechtzeitig zum Rennbeginn ein optimal eingestelltes Gespann an den Start schob. Zum Rennende zeigte Fath sein ganzes Können, indem er in der letzten Runde noch die schnellste Runde fuhr, das Rennen mit 9 Sekunden Vorsprung gewann und mit diesem Sieg auch gleichzeitig noch Deutscher Meister wurde.

1961

Die Sportsaison 1961 begann so, wie sie im Jahr zuvor geendet hatte, nämlich mit einem Sieg von Fath/Wohlgemuth. In Barcelona fuhren die Weltmeister mit einem Rundenrekord vor Scheidegger/Burkhardt als erste über die Ziellinie. Acht Tage später, am 30. April 1961 fand in Hockenheim zwar ein internationaler Lauf statt, er zählte aber nicht zur WM. Vom Start weg preschten Camathias/Cecco in Führung, an zweiter Stelle folgten in der zweiten Runde bereits Fath/Wohlgemuth. Die 65 000 Zuschauer stellten sich schon auf einen spannenden Zweikampf ein, doch dann kam Camathias in Führung liegend ohne seinen Verfolger zurück. Fath war unterdessen in einem nicht einsehbaren Teilstück von der Strecke abgekommen und schwer gestürzt. Der Sturz war so schlimm, daß Alfred Wohlgemuth noch an der Unfallstelle verstarb und Helmut Fath mit Beinbrüchen ins Krankenhaus geliefert werden mußte. Mit dieser schrecklichen Nachricht ging der Lauf in die Annalen ein, während Camathias von diesem Ereignis nichts mitbekam und das Rennen souverän als erster beendete.

Bevor der zweite WM-Lauf am 14. Mai 1961 in Hockenheim stattfinden sollte, ereilte die Seitenwagenszene die nächste Hiobsbotschaft. Denn beim internationalen Rennen in Modena, das am 11. Mai 1961 stattfand, stürzte Camathias´ Gespann, wobei sein Beifahrer Hilmar Cecco an den Folgen verstarb. Unter dem Einfluß dieser Nachricht fand der Gespannlauf auf dem Hockenheimring statt. Durch das Fehlen von Fath und Camathias konnte sich einer in Szene setzen, der den Gespannsport in den nächsten Jahren noch prägen sollte: Max Deubel. Er gewann mit seinem Beifahrer Emil Hörner seinen ersten Grand-Prix. Das Duo hatte als Markenzeichen auf der Frontseite seines (Vergaser-)BMW-Gespanns die Figuren Max und Moritz aufgeklebt. In Clermont-Ferrand reichte es für „Max und Moritz" zum zweiten Platz hinter Scheidegger/Burkhardt. Auf der TT konnten sie wieder den ersten Platz herausfahren und in Assen war es wiederum ein Grand-Prix-Sieg. Ein zweiter Platz in Spa war der Abschluß dieser Saison, der ihnen den ersten WM-Titel bescherte. Durch Deubel/Hörner kam BMW erneut zu WM-Ehren. Ihre fahrerische Glanzleistung krönten sie zudem noch mit dem überlegenen Gewinn der Deutschen Meisterschaft.

1962

Das WM-Jahr 1962 war die Fortsetzung der 1961er Auflage. Deubel/Hörner überzeugten von Anbeginn und gewannen die beiden ersten Läufe in Barcelona und Clermont-Ferrand, jeweils vor Camathias/Burkhardt. Beim dritten WM-Lauf wurde die bisherige BMW-Übermacht auf einmal jäh unterbrochen, denn mit dem BSA-Gespann von Chris Vincent mit seinem Beifahrer Bliss gewann zum ersten Mal nach dem Grand-Prix-Sieg von den Gebrüdern Milani beim Lauf in Monza im Jahre 1957 wieder eine andere Maschine als eine BMW!

Doch die BMW Vormachtstellung wurde nicht auf Dauer durchbrochen, denn bereits beim nächsten

Beim Lauf Schleizer Dreieck 1959 in der damaligen DDR biegen Fath/Wohlgemuth (Weltmeister 1960) vor Neusner/Ehrlich in die Kurve

Arsenius Butcher/Wolfgang Kalauch beim Lauf auf der Solitude 1964 mit ihrem BMW-Gespann

Auerbacher/Hahn warteten auf die Startfreigabe zum Bergrennen in Ratisbona

Klaus Enders mit seinem Beifahrer Ralf Engelhardt

Lauf in Assen festigte das BMW-Gespann Scheidegger/Robinson die bisher gewohnte Dominanz. Deubel/Hörner fuhren als zweite über die Ziellinie.

Den Lauf in Spa gewannen Camathias/Winter. Mit einem Sieg von Deubel/Hörner auf der heimischen Solitude als Abschluß der Saison wurden diese jedoch mit 34 Punkten erneut Weltmeister, vor Camathias/Winter, die 26 Zähler verbuchten.

1963

Zum Beginn der 63er Sportsaison setzte sich das letztjährige Bild erneut fort. In Führung ging beim ersten Lauf in Spanien Florian Camathias, doch Max Deubel drückte vom zweiten Platz unbarmherzig auf den Führenden und konnte ihn schließlich auch überholen. Den ersten Platz fuhr er dann auch ins Ziel. Hinter dem Weltmeisterpaar entbrannte ein Kampf zwischen Camathias, Scheidegger und Kölle. Gerade zwischen den beiden Schweizern und dem Weltmeister sollte sich auch der Kampf im Rennjahr 1963 abspielen.

Beim zweiten Lauf auf dem Hockenheimring konnte sich dann Camathias gegenüber Deubel durchsetzen und fuhr mit seinem Beifahrer Herzig mit einem neuen Streckenrekord einen souveränen Sieg heraus. Deubel belegte Platz zwei. Die TT auf der Isle of man wurde als dritter WM-Lauf ausgetragen, doch hier ereilte Deubel das unsägliche Pech, daß er im Training von der Strecke abkam und sich Emil Hörner einen Rippenbruch zuzog, so daß er im Rennen nicht starten konnte. Kurzerhand fand Max Deubel mit dem Engländer Barry Dungworth einen neuen Beifahrer. Doch da beide in keinster Weise aufeinander eingespielt waren, reichte es am Ende nur zu einem achten Platz und dafür gab es keine Punkte mehr. Wesentlich beunruhigender für Deubel dürfte dabei der Sieg von Camathias gewesen sein, der damit die WM-Führung übernahm. In Assen rückte Deubel das Ergebnis wieder zurecht, denn nun gewann er wieder mit seinem Stammbeifahrer Emil Hörner. Damit übernahmen sie wieder die WM-Führung, denn Camathias belegte Platz drei und rangierte damit mit 20 Punkten auf Platz zwei der Wertung, während Deubel 22 Punkte hatte.

Bei dieser Aufnahme von Butcher/Huber sieht man deutlich, wie der Fahrer auf dem Gespann kniet

In Belgien, beim Finallauf, mußte die Entscheidung in diesem Jahr fallen – Deubel oder Camathias. Für Deubel hieß die einfache Rechnung: Man mußte vor Camathias ins Ziel kommen. Um dies zu erreichen, wurde hinter den Kulissen Schützenhilfe abgesprochen und auch Strategien entwickelt. Kölle/Hess bekamen dazu sogar noch einen BMW-Werksmotor. Aus der ersten Runde kamen die Gespanne in der Reihenfolge Camathias, Scheidegger und Deubel zurück. Zweite Runde, gleiche Reihenfolge. Dritte Runde, Camathias mußte aufgeben: Motorenschaden. Scheidegger lag nun in Führung, Deubel dahinter, doch er mußte ja nur noch ins Ziel kommen, was er auch schaffte. Der Traum von der erneuten Weltmeisterschaft wurde zum dritten Mal wahr. Den nationalen Titel der Seitenwagenklasse errangen die beiden ebenfalls erneut.

1964

Florian Camathias trat 1964 mit einem Eigenbau (Gilera-Vierzylinder) an und wollte damit der BMW-Vorherrschaft ein Ende setzen – und natürlich nun

Der ewige Tüftler Florian Camathias prüft mit kritischem Blick eine modifizierte BMW

auch endlich einmal selbst Weltmeister werden. Seine Rechnung ging zunächst auf, denn er gewann den ersten Lauf in Barcelona. Doch seine Hoffnung währte beim nächsten Lauf in Frankreich nur bis zur zwölften Runde, denn dann gab der Gilera-Vierzylinder seinen Geist auf und er schied aus. Das Rennen gewannen Scheidegger/Robinson. Dahinter folgten weitere fünf BMW-Gespanne.

Bei der TT konnten Deubel/Hörner endlich wieder einmal den obersten Podest bei der Siegerehrung betreten, ihnen standen zur Seite: Seeley/Rawling (2. Platz), die das Vorjahres BMW-Gespann von Camathias fuhren und Auerbacher/Heim, auch auf BMW. In Assen überzeugte Seeley und fuhr einen souveränen Start-Ziel-Sieg heraus. Mit einem Vorsprung von 23 Sekunden gewannen Deubel/Hörner den belgischen Grand-Prix, vor Scheidegger/Robinson und Auerbacher/Heim.

Die WM mußte sich nun beim Finale auf der Solitude am 19. Juli 1964 entscheiden. Die Situation schien denkbar einfach zu sein: Sollte Scheidegger

Der Schweizer Florian Camathias mit seinem Beifahrer Alfred Herzig

siegen, mußte Deubel dritter werden, um noch Weltmeister zu werden. Fritz Scheidegger ging nach dem Start sofort in Führung, es folgten Max Deubel und Georg Auerbacher. In der dritten Runde übernahm Deubel die Führung vor Scheidegger, doch die Freude der Fans währte nur kurz, denn dann schob sich wieder der Schweizer an die Spitze. Deubel riskierte nun nichts mehr und fuhr mit einem Abstand von gerade einmal fünf Metern hinter Scheidegger über die Ziellinie und war damit erneut Weltmeister. Auch die Deutsche Meisterschaft entschieden Deubel/Hörner für sich.

Am Rande dieser Saison wurde notiert, daß Camathias den Gilera-Motor wieder in die Ecke gestellt hatte und wieder auf einen Bayern-Boxer zurückgegriffen hatte, der von Helmut Fath getunt war. Fath entwickelte unterdessen in Eigenregie einen Vierzylinder-Rennmotor. Der extrem kurzhubige Motor drehte nach seinen Angaben bis 14000 Umdrehungen. Nach 18 Monaten Vorbereitungs- und Konstruktionszeit lief der Motor im Sommer 1964 zum ersten Mal auf seinem selbstgebauten Prüfstand in seinem Heimatort Ursenbach. Diese ersten Schlagzeilen sollten nicht die letzten bleiben!

Max Deubel – mit seinem Beifahrer Emil Hörner. Weltmeister der Jahre 1961 bis 1964

1965

Die Saison 1965 wurde zum endgültigen Durchbruch für den Schweizer Fritz Scheidegger. Bereits den ersten Lauf auf dem Nürburgring verbuchte er als Sieg, den zweiten Grand-Prix, den dritten und auch den vierten Lauf beendete er jeweils als zweiter. Zwei weitere Siege in Belgien und beim letzten Rennen in Monza gaben das Resümee von vier Siegen und drei zweiten Plätzen. Damit ging in diesem Jahr erstmals der Gespanntitel in die Schweiz, doch erneut auch wieder an BMW.

Dieses Ergebnis wurde in dieser Form bekannt, doch hinter den Kulissen brodelte es während der gesamten Rennsaison. Grund hierfür war, daß die Ersatzteilversorgung für die alten Halbliter-BMW-Motoren immer schlechter und damit teurer wurde. Zudem wollten vor allem die englischen Motorradvertreter eine Erhöhung des Hubraumlimits von bislang 500 auf 750 cm^3 erreichen, damit zukünftig auch Norton, BSA und Triumph ihre Motoren einsetzen konnten. Die FIM als oberste Organisation tagte zwar, doch blieb die Hubraumobergrenze weiterhin bei 500 cm^3.

Inmitten diese Vorgänge platzte die Nachricht, daß am 9. Oktober 1965 bei einem Lauf in Brands hatch der Schweizer Florian Camathias mit 41 Jahren tödlich verunglückt war! Grund hierfür war ein Rahmenbruch seines selbstgefertigten Gespannrahmens.

Deubels erfolgreiches BMW-Gespann

Das BMW-Gespann von Fritz Scheidegger (mit Strickjacke)

Er hatte auf stumpfe hartgelötete Rahmenrohre anstatt der üblicherweise geschweißten Rohre vertraut. Dieser Umstand war um so tragischer, als beim Sturz 1963, wo sein Beifahrer Cecco ums Leben kam, auch schon ein Rahmenbruch als Schuld angesehen wurde, und BMW daraufhin herbe Kritik an der Rahmenfertigung äußerte. Wie es schien, erhörte Camathias diese Kritik nicht. Er wurde niemals Weltmeister, war seit 1957 jedoch ein festes Bestandteil der Seitenwagen-WM.

1966

Die Seitenwagenweltmeisterschaft 1966 begann im neuen Motodrom von Hockenheim Die Startaufstellung lautete Scheidegger/Robinson, Enders/Mannischeff, Seeley/Rawling, Auerbacher/Kalauch und Deubel/Hörner. Scheidegger beherrschte von Anfang an das Rennen, während sich dahinter ein ständiger Positionskampf abspielte. Unbeirrt baute er seine Führung weiter aus. In der sechsten Runde hatte er 24 Sekunden Vorsprung. Beim Zieleinlauf waren es schließlich 23 Sekunden. Zweiter wurde Deubel, doch um den dritten Platz wurde zwischen Auerbacher und Seeley hart gefightet. Seeley gewann das Duell und Auerbacher mußte sich mit dem undankbaren vierten Platz abfinden.

Auch der zweite Lauf in Clermont-Ferrand ging an den Weltmeister. Wie auch in diesem Jahr die Gespann-WM wieder von BMW-Motoren beherrscht wurde, zeigt die Reihenfolge, denn die ersten sieben Gespanne fuhren alle mit Triebwerken aus Münchner Produktion. Großes Augenmerk wurde allerdings auf die Fath'sche Konstruktion gelegt, doch der Vierzylinder litt noch unter Kinderkrankheiten, so daß er im WM-Auftakt an siebter Stelle liegend ausfiel und in Frankreich bereits in der zweiten Runde aufgeben mußte.

Fritz Scheidegger und John Robinson (Weltmeister 1965 und 1966) konzentrieren sich auf den Start

Einblick in ein Gespann: Der Königswellen-BMW-Motor sowie der im Boot befindliche Kraftstofftank sind gut erkennbar

Von solchen Problemen blieb Fritz Scheidegger in dieser Saison verschont, denn seine Überlegenheit bescherte ihm in jedem Rennen einen Sieg. Bereits beim vierten von fünf Läufen stand er erneut als Weltmeister fest. Von diesem Titel konnte zu diesem Zeitpunkt ein Fahrer nur Träumen, doch auch seine Zeit sollte schon bald kommen: Klaus Enders. Er machte durch einige hervorragende Plazierungen – vierter Platz auf der Tourist Trophy, sechster Platz in Assen und einen vierten Platz in Spa – auf sich aufmerksam.

Dieser Motor prägte eine ganze Gespanndynastie: BMW-Motor mit Königswelle

1967

Einen außersaisonalen Auftakt zu einem gemeinsamen Training bereitete 1967 der Badische Motorsportclub im Motodrom von Hockenheim vor, als er am 18./19. März 1967 allen namhaften Gespannfahrern die Möglichkeit des Trainings bot. Wie vor jeder Saison, so war man auch an diesen Tagen gespannt, welches Erfolgskonzept sich jeder Fahrer für die WM-Saison zurechtgelegt hatte. Im Mittelpunkt stand jedoch die Fath'sche Vierzylinderkonstruktion. Fath gab eine überzeugende Vorstellung mit der URS, die nun scheinbar auch technisch zuverlässig erschien.

Nach diesem frühen Zusammentreffen konnte man wieder auf eine spannende Saison hoffen – doch dann kam eine Eilmeldung aus England: Fritz Scheidegger tödlich verunglückt! Mit dem Gespann fuhr er gegen eine Absperrung auf dem Rennkurs von Mallory park. Mit Scheidegger verlor der Seitenwagensport eine Leitfigur. Er war seit 1953 auf dem

Renngespann unterwegs; er wurde nur 36 Jahre alt. Aufgrund diesen tragischen Vorfalls hatte auch Max Deubel eine geplante erneute Saison endgültig verworfen und den Seitenwagensport damit an den Nagel gehängt.

Nun ohne den großen Favoriten wurde der erste WM-Lauf in Spanien zur Beute von Georg Auerbacher. Er startete mit geringer BMW-Unterstützung, bekam allerdings das ursprünglich für Scheidegger gedachte BMW-RS-Getriebe. Überraschend fuhren auf Platz zwei Enders/Engelhardt mit ihrem BMW-Gespann über die Ziellinie. Dritte wurden Schauzu/Schneider. Bei diesem Lauf kamen lediglich fünf Gespanne ins Ziel – alle auf BMW.

Der zweite WM-Lauf fand auf heimischem Boden statt. 180 000 Zuschauer pilgerten nach Hockenheim und sahen wie Fath/Kalauch sofort in Führung gingen. Enders, Harris und Auerbacher hieß die Reihenfolge der Verfolger. Faths Siegeshoffnung währte diesmal bis zur achten Runde, dann mußte er mit Getriebeschaden aufgeben. Dadurch gab er die Führung an Enders/Engelhardt ab, die diese bis ins Ziel behaupteten. Zweite wurden Auerbacher/Dein.

Als Enders/Engelhardt den dritten WM-Lauf in Frankreich gewannen, sprachen schon die ersten Insider von den zukünftigen Weltmeistern.

Als nächster Termin stand das Rennen der TT im Sportkalender. Auch wenn 79 Gespanne gestartet wurden, als Anwärter auf den Gesamtsieg kamen ohnehin nur die schon in der WM dominierenden Fahrer in Frage, doch wer? Auerbacher lag in Führung, dann kamen zu aller Überraschung Schauzu/Schneider und Enders/Engelhardt. Schon bald darauf machte die Meldung die Runde, daß Auerbacher mit Motorschaden sein Gespann abgestellt hätte und damit Schauzu den Lauf anführe. Mit Enders/Engelhardt überquerten Schauzu/Schneider gemeinsam die Ziellinie, doch in der Zeitwertung gewann Schauzu und wurde damit TT-Sieger.

Assen hieß die nächste Station im Grand-Prix-Zirkus, als Dutch TT bei regnerischem Wetter. Enders übernahm vom Start weg die Führung, Harris/Thornton und Schauzu/Schneider hießen die nachfolgenden Gespanne. Fath kämpfte sich in der zweiten Runde nach vorne und bald hatte er alle überholt und führte das Rennen an. Aber wie lange? Fast wie zu erwarten schied er auch hier wieder mit Kolbenschaden aus, diesmal in der vierten Runde. Klaus Enders erbte dadurch die Führung. Die Zieldurchfahrt lautete dann: Enders vor Schauzu und Harris. Enders Titelaspirationen wurden dadurch weiter bekräftigt – und bestätigt, denn als sie das Rennen in Spa gar auch noch gewannen, konnten sie sich schon zwei Läufe vor Schluß als neue Weltmeister feiern lassen.

Damit blieb auch 1967 die Seitenwagen-WM weiterhin in BMW-Händen. Die beiden noch ausstehenden Rennen gewannen dann erneut Enders/Engelhardt (Imatra) und Georg Auerbacher mit seinem englischen Beifahrer Billy Nelson (Monza). Am Rande der WM vermerkt wurde, dass Helmut Fath einen internationalen Lauf in Scarborough am 26. August 1967 gewonnen hatte. Damit hielt endlich einmal der Fath'sche Motor über die gesamte Renndistanz und schien nun endlich für den Angriff gegen die BMW-Dominanz gut gerüstet zu sein. Die nächste Rennsaison sollte zeigen, welches Potential in dieser Konstruktion steckte!

1968

Beim Saisonauftakt auf dem Nürburgring erwies sich die Vorahnung berechtigt, denn Fath/Kalauch fuhren die URS im Rennen auf Platz eins! Sollte damit das Ende von BMW gekommen sein? Weltmeister Klaus Enders mußte im Rennen wegen Motorenproblemen aufgeben. Auerbacher/Hahn und Schauzu/Schneider hielten auf den Plätzen zwei und drei die BMW-Fahnen hoch.

Bei der darauffolgenden TT schien die Stimmung in München wieder gestiegen zu sein, denn Fath kam nur auf Platz vier ins Ziel, das Rennen dominierten die BMW-Gespanne. Gewonnen hatten Schauzu/Schillinger, Enders mußte wieder vorzeitig aufgeben. Damit gelang Schauzu/Schneider zum zweiten Mal hintereinander der Überraschungssieg auf der legendären schwierigen Rennstrecke.

Der Seitenwagenzirkus reiste weiter zum nächsten Termin nach Holland. Klaus Enders wollte nun endlich nach dem bisherigen Pech in das Geschehen eingreifen und vertraute deshalb auf den bewährten Vergasermotor an Stelle des Einspritzers. Doch wie in der bisherigen Saison gab es wieder eine Überraschung. Als Sieger gingen Attenberger/Schillinger in die Annalen ein, nachdem sie in der letzten Kurve Klaus Enders noch überholt hatten. Dies war der erste Grand-Prix-Sieg für Attenberger. Enders wurde zweiter und Fath fünfter. Die WM führte nach diesem Lauf völlig überraschend Attenberger mit 17 Zählern vor Schauzu (16) an. An dritter Stelle lag Fath mit 13 Punkten.

Diese beide Herren durchbrachen die lange BMW-Dominanz im Gespannsport: Helmut Fath (rechts) und Wolfgang Kalauch wurden Weltmeister 1968 auf der Fathschen Vierzylinderkonstruktion

Belgien hieß der nächste Termin für die Herren der drei Räder. Enders sowie Fath schieden vorzeitig aus. Auerbacher/Hahn lieferten sich mit Attenberger/Schillinger über die gesamte Distanz ein hartes Kopf an Kopf Rennen. Die letzte Runde wurde begonnen und weiterhin lagen beide gleichauf. Auerbacher/Hahn kehrten als erste auf die Zielgerade ein und gewannen – doch wo blieb Attenberger mit seinem Beifahrer Schillinger! Er konnte nicht mehr kommen, denn sie begingen einen Fahrfehler und kamen von der Strecke ab, überschlugen sich, wurden aus dem Gespann katapultiert, schlugen auf dem Steinboden auf und – starben sofort! Damit verlor der Gespannsport erneut ein prominentes Paar.

So traurig wie die Meldung war, so unaufhaltsam ging die Weltmeisterschaft weiter. Der nächste Termin fand ein paar Wochen später in Finnland statt. Helmut Fath war diesmal der Mann des Tages, denn er konnte mit einem Start-Ziel die gesamte BMW-Konkurrenz auf die Plätze verweisen. Zweiter in Imatra wurde Heinz Luthringshauser, und den dritten Podestplatz konnte Georg Auerbacher bei der Siegerehrung einnehmen. Auf den WM-Stand wirkte sich das Ergebnis so aus, daß Fath und Auerbacher mit gleichem Zählerstand die WM-Führung übernahmen. Die Entscheidung mußte nun wieder einmal im letzten Lauf fallen. Dieser war zwar ursprünglich in Monza vorgesehen, wurde aber dann auf den 13. Oktober 1968 verschoben und fand in Hockenheim statt. Gleichzeitig mit dem WM-Endlauf wurde auch die DM entschieden.

19 Gespanne standen zum Start für 15 Runden bereit. Die Spannung knisterte förmlich, und als die Startflagge gesenkt wurde, preschte Fath explosionsartig an die Spitze, zweiter Enders, dritter Auerbacher. Auerbachers Gespann war wohl nicht ganz optimal eingestellt, obwohl selbst das Münchner Werk im letzten Lauf noch Schützenhilfe angeboten hatte, und man merklich damit beschäftigt war, den Bayern-Boxer im Training optimal einzustellen. Auerbacher konnte aber im Rennen nicht mit Enders mithalten, und es zeichnete sich immer mehr ab, daß er wohl hoffte, dass Faths Gespann wieder einen technischen Defekt ereilen würde – Auerbacher wußte, daß er auf alle Fälle vor Fath über die Ziellinie fahren muß, damit er Weltmeister wird. Doch seine Hoffnung wurde zunichte gemacht, denn Fath steuerte seine Maschine ohne jeglichen Defekt über die Distanz und überquerte den weißen Strich fast 25 Sekunden vor Klaus Enders. Fath war Weltmeister! Damit hatte ein einzelner Mann mit seiner Konstruktion, die unter der Regie von Dr. Ing. Paul Kuhn entstand, die jahrelange Dominanz der BMW-Motoren gestoppt. Um diesen großartigen Erfolg noch zu bestätigen, erntete Fath auch noch den Titel des Deutschen Meisters. Eine ganz besondere Ehrung erfuhr er in England, wo ihn die Leser der motor cycle news noch vor ihren Landsleuten Phil Read und Mike Hailwood zum „Man of the year" wählten.

1969

Als am Anfang des Jahres 1969 erstmals durchsickerte, auf welche Konstruktion die einzelnen Fahrer ihre Hoffnungen für die kommende Seitenwagensaison setzten, machte Siegfried Schauzu von sich reden. Es war sein außergewöhnlicher BMW-Motor, der die Fachwelt staunen ließ. Bereits seit Ende der 1968er Saison begann Schauzu den Motor zu erproben. Es war ein BMW-Boxer, der unter den Händen des österreichischen Ingenieurs Ludwig Apfelbeck radikal umgebaut worden war. Die Zylinder verfügten über einen radialen Zylinderkopf, der vier Ventile pro Zylinder hatte. Zu dieser sehr aufwendigen Konstruktion hat der 64jährige Apfelbeck sogleich die Kurbelwelle mit einem Mittellager versehen, was wiederum eine höhere Drehzahl erlaubte und eine stabilere Lagerung mit sich brachte.

Der erste DM-Lauf auf der Nürburgring-Nordschleife brachte einen Vorgeschmack auf die WM. Fath/Kalauch gingen gleich nach dem Start in Führung, hielten den Spitzenplatz und bauten ihn kontinuierlich bis ins Ziel aus. Schauzu/Schneider, mit dem neuen Motor, konnten den zweiten Platz gegen Enders/Engelhardt behaupten. Damit drängte sich die Frage auf, wer denn Fath noch schlagen sollte? Drohte etwa die WM langweilig zu werden?

Ernst wurde es am 11. Mai 1969, als der erste WM Lauf auf dem Hockenheim anstand. Auch hier raste Fath gleich vom Start weg in Führung. Doch dann steuerte er gleich die Boxengasse an! Ein defekter Zündschalter vereitelte einen erneuten Sieg. Klaus Enders übernahm die Spitze und beendete das Rennen auch als Sieger, Siegfried Schauzu kam erst an siebter Stelle ins Ziel.

Fath/Kalauch mit der URS

In Frankreich fand der nächste Lauf statt. Pünktlich zum Beginn der Seitenwagenrennen hörte der Regen auf. Wieder übernahm Fath die Führung und gab diese bis zum Ziel auch nicht mehr ab. Die Tourist-Trophy mit ihren eigenen Gesetzen verzeichnete diesmal Enders/Engelhardt als Sieger, Schauzu wurde zweiter und Fath ergatterte den dritten Platz. In Assen konnten erneut Fath/Kalauch die volle Punktzahl einfahren, während Enders/Engelhardt ausfielen.

Der ganze Seitenwagentroß reiste danach nach Belgien. Wie erwartet zeigte Fath erneut sein volles fahrerisches Können, die Standfestigkeit und die enorme Leistung der URS. Er fuhr das Gespann zu einem erneuten Start-Ziel-Sieg. Zweiter wurden Enders/Engelhardt.

Beim vorletzten WM-Lauf in Finnland am 3. August 1969 vollführte Fath wieder sein Kunststück und preschte vom Start weg in Führung. Mit Billy Nelson, an Stelle von Wolfgang Kalauch im Seitenwagen, kam Fath nicht weit, denn eine gebrochene Ölleitung führte zum vorzeitigen Aus – den Lauf gewann Enders. Mit diesem Sieg hatte Enders auf einmal die Weltmeisterschaftswertung übernommen, zwei Zähler vor Fath, der 55 Punkte hatte. Es schien zum Ende der Saison nun noch einmal richtig spannend zu werden.

Nochmals der URS-Vierzylindermotor

Aufnahme vom Rennen in LeMans 1970: Mit Startnummer 1 fährt Enders/Kalauch vor Owesle/Rutterford (2)

Am Ende haben Enders/Kalauch das Rennen gewonnen (mit Siegeskranz), vor Auerbacher/Hahn (vorne links) und Schauzu/Schneider (rechts)

Nach der Nachricht jedoch, dass Fath/Nelson bei einem unbedeutenden Rennen in Finnland einen Sturz hatten und für den Rest der Saison ausscheiden müßten, brauchte Klaus Enders nur noch vor dem bislang in der Wertung drittplazierten Butcher ins Ziel zu kommen, um zum zweiten Mal Weltmeister zu werden. Das sollte eine lösbare Aufgabe sein. Daß er jedoch mehr Ambitionen hatte, untermalte er mit einem Start-Ziel-Sieg, der ihn sicher zum Weltmeister machte. Damit fiel die Krone wieder an den Motorenhersteller BMW zurück.

Im Oktober erhielt die Seitenwagengemeinde noch eine traurige Nachricht, denn beim Europa-Bergmeisterschaftslauf in Ollon-Villars verunglückte der Beifahrer von Linnarz, Rudolf Kühnemund, tödlich. Die beiden galten als Hoffnungsträger im SW-Sport und bestachen durch gute Erfolge in der abgelaufenen WM. Die Deutsche Meisterschaft ging an den 30jährigen Siegfried Schauzu, der aber nicht richtig mit der Apfelbeck-BMW zufrieden sein konnte.

1970

Der WM-Auftakt 1970 verlief für BMW optimal, denn der mit einem Werksmotor ausgerüstete Georg Auerbacher gewann den ersten Lauf, der auf dem Nürburgring stattfand. Der nächste Grand-Prix in LeMans ging an Klaus Enders, in dessen Gespann nun Wolfgang Kalauch mitfuhr. In LeMans sorgte allerdings vor allem ein Geschehen am Rande für Aufmerksamkeit: Helmut Fath hatte sich von Friedl Münch getrennt, eine Zusammenarbeit zweier Motorenenthusiasten, die hoffnungsvoll begann, doch jäh endete. Für Fath starteten Owesle/Kremer auf der URS und zeigten gleich zu Beginn, daß Owesle eine ernstgemeinte Konkurrenz für Enders war, denn beide schenkten sich rundenlang nichts. Der URS-Motor war jedoch den Strapazen nicht gewachsen und kapitulierte.

Auf der Insel Man fand der nächste WM-Lauf statt. In der Gespannklasse siegten Schauzu/Schneider vor einer ganzen Equipe englischer BMW-Fahrer. Die deutsche Elite schied nahezu komplett aus: Enders, Auerbacher, Butcher, Luthringshauser. Zum fünften Rennen trafen sich die Gespannfahrer in Assen wieder. Auerbacher/Hahn gingen diesmal als Sieger hervor, zweiter wurden Owesle/Kremer und dritter Schauzu/Schneider.

In Belgien starteten die Rennfahrer wieder unter schlechten Wetterbedingungen, es regnete und es lag teilweise sogar Nebel über der Strecke von Francorchamps. Klaus Enders beherrschte das Rennen souverän und schon träumte sein Betreuer und Tuner Dieter Busch von einem weiteren Sieg, da riß der

Enders mit seinem Beifahrer Kalauch in einer Linkskurve

Der von Ludwig Apfelbeck umkonstruierte BMW-4-Ventil-Motor und Mittellager. Schauzu setzte diesen Motor ein, aber der Erfolg blieb aus

Wurde niemals Weltmeister: Siegfried Schauzu (links). Beim Lauf auf dem Salzburgring im Jahre 1974 fuhr er den allerletzten Grand-Prix-Sieg auf einem BMW-Gespann heraus

Gaszug an der BMW und das Rennen war vorbei! Arsenius Butcher gewann diesen Lauf. In der WM-Wertung führten Auerbacher/Hahn (47) vor Schauzu/Schneider (37) und Butcher/Huber (35). Enders/Kalauch lagen mit 30 Punkten auf Rang fünf.

Brünn, in der damaligen CSSR, brachte für Enders erneut einen Start-Ziel-Sieg, doch anstelle von Wolfgang Kalauch saß wieder Ralf Engelhardt im Boot. Finnland war der nächste Termin. Hier beherrschten Enders/Kalauch vom Anfang bis zum Ende das Rennen. Die WM-Wertung sah weiterhin Auerbacher/Hahn als Führende (59), vor Butcher/Huber und Enders/Kalauch, die beide 45 Zähler auf ihrem Konto verbuchten.

Das Finale, der Ulster Grand-Prix, mußte nun die Entscheidung bringen. Klaus Enders übernahm sofort nach dem Start die Führung. Hauptkonkurrent Auerbacher hatte einen schlechten Start. Seine Titelhoffnungen wurden vollends begraben, als er durch einen Zusammenprall mit dem Engländer Mick Potter von der Straße abkam und das Rennen aufgeben mußte. Damit war der langersehnte, mögliche Titel weg – außer Enders und Butcher würden noch ausfallen. Doch danach sah es nicht aus. Enders drehte unbeirrt weiterhin seine Runden und konnte sich einen weiteren Sieg an seine Fahnen heften – und auch einen weiteren Weltmeistertitel für BMW.

1971

Auerbacher erhielt für die 71er Saison als einziger einen Werksmotor von BMW, während Schauzu und Luthringshauser nur spezielle Teile bekamen. Enders hatte sich vom Rennsport zurückgezogen, sein

Schauzu/Kalauch im Jahre 1971

Gespann hatte er an Wegener/Hinrichs verkauft. Butcher/Huber gewannen in Salzburg, Auerbacher/Hahn in Hockenheim und Schauzu/Kalauch die TT. Bei diesen drei WM-Läufen konnten Owesle/Rutterford auf der URS nur einmal einen fünften Platz in Salzburg belegen. Bei der Dutch TT in Assen jedoch standen sie dann überraschenderweise auf dem obersten Platz des Siegerpodestes. In SPA sowie in Brünn belegten sie jeweils Platz zwei. In Imatra (Finnland) wurden sie erneut als Sieger abgewunken. Durch diesen Sieg wurde die Entscheidung der WM wieder auf den letzten Lauf, den Ulster Grand-Prix, vertagt. Es hatten noch Chancen auf den Titel: Auerbacher, Schauzu, Butcher und Owesle.

Aus der ersten Runde kamen Owesle/Rutterford auf der URS als erste zurück. Sie gaben die Führung nicht ab. Der zweite, Schauzu, konnte ihnen an diesem Tag nicht Paroli bieten und mußte mit ansehen, wie Owesle als erster über die Ziellinie fuhr. Damit waren Owesle/Rutterford neue Gespannweltmeister – und entrissen die höchsten Lorbeeren erneut dem Hause BMW. Da half es auch nicht, daß Arsenius Butcher gleich nach dem Sieg von Owesle in Belfast Protest einlegte und darauf verwies, daß der Vierzylinder mehr als die erlaubten 500 cm^3 habe. In noch heißem Zustand schraubte der Weltmeister selbst den Motor auf und von offizieller Seite wurde der Motor nun vermessen. Als Bohrung notierten die Herren 60 mm und als Hub wurden 44 mm aufgezeichnet, das ergab einen Hubraum von 124,74 cm^3. Mal vier exakt 498,96 cm^3. Protest abgewiesen. Im nachhinein kursierte das Gerücht, daß Butcher den Protest unter der Anweisung von BMW eingereicht hätte.

1972

Das Jahr 1972 begann mit einem Paukenschlag. Klaus Enders hatte wohl auf Druck von Fahrwerkbauer Dieter Busch an ein Comeback gedacht, nachdem sein Ausflug in den Automobilsektor nicht sehr glücklich verlief. Insider wußten zudem, daß sogar BMW sein Comeback unterstützten wollte, denn angesichts des verlorenen WM-Titels hatte man im Münchner Werk wohl Angst vor einer abermaligen Überlegenheit des Vierzylinders.

Im Hause Münch tat sich über die Wintermonate auch etwas. Als neuer Inhaber der einstigen Fath'schen Konstruktion zeigte sich George Bell, der zunächst beteuerte, Horst Owesle fahre auch in dieser Saison wieder mit dem Siegesgespann, allerdings nicht mehr unter der Nennung Münch-URS, in Wirklichkeit sah die Sache allerdings dann so aus, daß der Engländer Chris Vincent als Fahrer auftrat. Vincent soll damit die Hoffnung gehegt haben, daß man nun endlich wieder eine Gespannweltmeisterschaft nach England bringen könne – seit 1953!

Wie sich Enders/Engelhardt gegen die Konkurrenz behaupten konnten, sollte zwar ursprünglich der erste WM-Lauf auf dem Nürburgring zeigen, doch das Gespann wurde nicht rechtzeitig fertig, so daß Enders fernblieb. Als Gewinner des Saisonauftakts standen schließlich Schauzu/Kalauch in den Büchern. Doch das Bemerkenswerte war eigentlich der Shootingstar Rolf Steinhausen, der in seinem Gespann einen König-Bootsmotor eingebaut hatte. Auch wenn er hier ausfiel, Steinhausens Auftritt war nur der Auftakt zu einer Ära, die langsam, aber sicher der BMW-Dominanz im Gespannsport den Rang ablaufen sollte.

Clermont-Ferrand als zweiter WM-Lauf ermöglichte Enders ebenfalls kein Comeback. Das Rennen endete mit einem Sieg des Gespanns Luthringshauser/Cusnik vor Schauzu/Kalauch und Wegner/Hinrichs – alle auf BMW. Nur 12 000 Zuschauern sahen beim dritten WM-Rennen auf dem Salzburgring endlich Enders/Engelhardt in Aktion und auch gleich siegen. Die TT wurde für Enders/Engelhardt zum Desaster. Über drei Runden führten sie das Feld souverän an, eine halbe Runde vor Schluß mußte sie das Gespann jedoch abstellen – ein plattes Vorderrad war der Grund. Durch diesen Ausfall rückten Schauzu/Kalauch an die Spitze und beendeten das Renen auch als erste.

In Francorchamps errangen Enders/Engelhardt erneut einen Sieg, das gleiche gelang ihnen in Brünn, dem vorletzten Lauf. Finnland als letzter Lauf brachte nun also wieder die Entscheidung. In Frage für den Titel kamen Enders, Schauzu und Luthringshauser. Enders mußte unbedingt ins Ziel kommen, um Weltmeister zu werden. Schauzu hoffte hingegen, daß Enders vorzeitig ausscheiden würde, denn dann wäre endlich er einmal Weltmeister. Aus der ersten Runde kehrten Vincent/Casy (URS) in Führung liegend zurück, gefolgt von Enders/Engelhardt. Enders übernahmen zwar noch einmal kurz die Spitze, doch Vincent eroberte sie zurück und Enders fuhr nun auf Ankommen, statt auf Angriff. Der Zieleinlauf blieb auch in dieser Reihenfolge und Schauzu/Kalauch wurden dritte. Damit wurden Enders/Engelhardt erneut Weltmeister.

1973

Die Saison 1973 begann in LeCastellet wieder mit einem souveränen Sieg für Enders/Engelhardt. Damit schien die Erfolgsstory der Weltmeister und BMW eine Fortsetzung gefunden zu haben. Allerdings stimmte im Münchner Werk wohl bedenklich, daß sich unter den ersten zehn Gespannen insgesamt vier Gespanne befanden, die von einem Vierzylinder-König-Bootsmotor angetrieben wurden. Salzburg als zweiter WM-Lauf sah erneut das Weltmeisterpaar als Sieger und auch in Hockenheim, der Tourist Trophy, der Dutch TT in Assen, dem Lauf in Spa und im tschechoslowakischen Brünn wurde die deutsche Nationalhymne für Enders/Engelhardt gespielt. Mit dieser einmaligen Siegesserie hatte der 35jährige Enders am Ende der Saison 105 Zähler auf seinem Konto und seinen fünften WM-Titel auf BMW errungen. Zwar war die Überlegenheit in der Punktewertung dermaßen enorm, daß Enders – objektiv betrachtet – absolut überlegen Weltmeister geworden war, doch hinter den nüchternen Zahlen sah man auch im Hause BMW, daß für den Boxermotor wohl die Zeit endgültig abgelaufen war.

1974

Man sah im BMW-Vorstand wohl keine Möglichkeit, den aufkommenden Zweitaktern, allen voran dem König-Motor, etwas entgegen zu setzen und gab vorsichtshalber im März 1974 eine Presseerklärung heraus, daß man Enders keine finanzielle Unterstützung

Momentaufnahme aus dem Motodrom von Hockenheim 1972: Wegner/Hinrichs (4) im Zweikampf mit Luthringshauser/Hahn (2) und Schauzu/Kalauch (3)

Er löste die BMW-Motoren im Gespannsport ab: König-Vierzylinder-Zweitaktboxermotor

mehr gewähren werde. Im gleichen Atemzug bemerkte man aber auch, daß Enders ja niemals offiziell für das Werk gefahren wäre. Auf der anderen Seite sonnte sich BMW nur allzu gern in den Erfolgen der BMW-Fahrer, wie die jährlichen Werbeanzeigen beweisen. Enders zog seine Konsequenzen daraus und fuhr in der 74er Saison ein Gespann, das unter dem Kürzel HBM lief. Diese Abkürzung stand für Heukerott-Busch-Motorracing, was besagt, daß hinter der Konstruktion wieder der Gespannpapst Dieter Busch stand. Als Motor kam ein BMW-Boxer zum Einbau, der jedoch auf Mittellager umgebaut wurde.

Der erste Gespann-Weltmeister auf einem Zweitakter: Rolf Steinhausen/Josef Huber eroberten sich die Weltmeisterschaft 1975 und verteidigten sie 1976

Da immer mehr Fahrer auf die leistungsstärkeren Zweitaktmotoren umstiegen, bröckelte die BMW-Armada merklich. Von den namhaften Fahrern auf BMW blieben in dieser Saison nur noch Schauzu/Kalauch sowie Luthringshauser/Hahn übrig. Überraschenderweise konnten jedoch die BMW-Fahrer kräftig punkten. Die Premiere gewannen Schauzu/Kalauch, in Assen und Imola standen Enders/Engelhardt jeweils auf dem obersten Siegerpodest. In Brünn kamen Schwärzel/Kleis mit ihrem König-Gespann zu ihrem ersten Grand-Prix-Sieg, und auch in Spa siegte ein König-Gespann, diesmal unter Steinhausen/Huber. Auf dem Nürburgring fuhren wieder Schwärzel/Kleis auf Platz eins, vor Enders/Engelhardt und Schauzu/Kalauch. Dieser zweite Platz des Gespanns Enders/Engelhardt reichte schließlich, um nochmals Weltmeister zu werden. Luthringshauser/Hahn gewannen die Tourist Trophy, und mit dem ersten Platz von Schauzu/Kalauch beim letzten Lauf der Saison in Salzburg wurde zum letzten Mal ein BMW-getriebenes Gespann als Sieger bei einem Grand-Prix abgewunken! Auch wenn der WM-Titel nochmals an Enders ging, für das Hause BMW gingen in diesem Jahr im Gespannsport die Lichter endgültig aus. Die Zukunft gehörte nun den zweitaktenden Aggregaten von Yamaha und König.

Motorradbremsen – gestern und heute

von Thomas Reinwald

Genauso vielfältig wie die Motorradgeschichte an sich ist auch die Geschichte der Motorradbremsen. Dabei lassen sich diese grob in drei maßgebliche Typen unterteilen: nämlich in Stempelbremsen in Verbindung mit der Felgenbremse und Bandbremse, in Trommelbremsen und in die alle Sektionen des Motorradbaus erobernden Scheibenbremsen.

Zu Beginn der ersten Motorisierung am Anfang des 20. Jahrhunderts wurde dem Problem der Bremsverzögerung nur sehr geringe Aufmerksamkeit geschenkt. Viel wichtiger war damals, einen leistungsstarken Motor einzubauen, der das fahrradähnliche Gefährt auf eine Höchstgeschwindigkeit von maximal 60 km/h beschleunigte. Da diese ersten Motorräder immer noch auf der Fahrradentwicklung basierten, wurden alle Bauteile auch von diesen abgeleitet, was vor allem den Rahmen, die Sitzposition und eben auch die Bremsen betraf. In den ersten Modellen hatte man eine Stempelbremse im Vorderrad eingebaut, die einen Stempel auf die Reifenoberfläche drückte – im Fahrradbau auch heute noch sporadisch verwendet. Stempelbremsen wurden seinerzeit auch als Löffelbremsen bezeichnet.

Doch sicherlich hatte man schnell bemerkt, daß die ohnehin schwache Verzögerung bei nassen Reifen gar zur Wirkungslosigkeit führte und zudem die Reifenfläche beim Bremsen stark litt. Mit dieser Erkenntnis kamen schon manche Hersteller auf die Idee, Felgenbremsen zu montieren. Dabei wurden die Bremsklötze direkt auf die Felge gedrückt. Als Nachteil wurde damals angesehen, daß „...es zu starken Abscheuerungen der Politur bei Holzfelgen und der Emailierung bei Stahlfelgen (führte)".

Dritte Variante der frühen Motorradbremsen war die ebenfalls aus dem Fahrradbau bekannte Rücktrittbremse. Natürlich hatte auch diese Art nur eine geringe Verzögerung zur Folge. Als weitreichende Idee hingegen konnte sich die Keilbremse bis in die zwanziger Jahre durchsetzen. Dabei wurde bereits frühzeitig, so bei dem Hercules-Motorrad von 1904, eine Riemenscheibe im Hinterrad montiert, auf die ein angelenkter Bremsklotz beim Ziehen des Handbremshebels drückte.

Mit der Ära der ersten Motorräder, die von 1903 bis 1907/08 eine Hochphase hatten, geriet die Keilbremse wieder in Vergessenheit, erlebte aber ab 1919 eine Renaissance. Mittlerweile wurde die Kraftübertragung per Riemen auf das Hinterrad übertragen, und gleichzeitig wurde auch der Bremsklotz auf die Riemenscheibe angelenkt. Mit dem endgültigen Durchbruch des Motorrads traten ab 1920/21 immer mehr Motorradhersteller auf den Markt und kurbelten mit technischen Innovationen und zahlreichen mehr oder minder guten Versuchen die Entwicklung des motorisierten Zweirads an, so daß das Motorrad einen großen technischen Fortschritt machte.

Natürlich widmeten sich die Hersteller und Konstrukteure vor allem dem Motor. Ob Zwei- oder Viertakter, die Leistung wurde immer höher, und als Folge dessen wurden die Motorräder auch immer schneller. Durch eine starke Belebung des städtischen Verkehrs wurde es nun auch Pflicht, das Fahrzeug durch gute Bremsen schnell wieder zum Stillstand zu bringen. Die Keil- bzw. Felgenbremse im Hinterrad gehörte zur Grundausstattung. Dies reichte aber meistens nicht aus. Die damaligen Polizeivorschriften schrieben pro Motorrad zwei unabhängig voneinander wirkende Bremsen vor. In der Realität wirkte sich dies so aus, daß beide Bremsen auf das Hinterrad wirkten, eine Keilbremse und auch die sogenannte Bandbremse. Das leicht gespannte Band der Bandbremse wurde

Bremse der ersten Stunde: Stempelbremse auf das Profil des Vorderradreifens (Victoria aus dem Jahre 1905)

im Fahrbetrieb per Hebel gespannt und wirkte so auf den kompletten Umfang der Scheibe.

Findige Konstrukteure probierten schließlich auch die aus dem Fahrradbau bekannte Nabe zu vergrößern und darin eine Bremse zu montieren – die Geburt der Trommelbremse. Damit wurde eine Bremse geschaffen, die für die nächsten annähernd 35 Jahre das Motorrad prägen sollte.

Die Idee der Trommelbremse basiert darauf, daß in einer Trommel ablaufende Bremsbacken auf die Innenseite drücken und damit das Rad per Reibung verzögern. In den zwanziger Jahren sprach man noch nicht von einer Trommelbremse sondern bezeichnete sie als Innenbackenbremse. Technisch blieb das Konzept für die nächsten Jahrzehnte gleich. Verfeinerungen machten jedoch aus den anfänglichen immer noch schwachen Bremsen hervorragende Stopinstrumente.

Die Funktion einer Trommelbremse basiert darauf, daß ein – entweder per Gestänge oder Bowdenzug – betätigter Hebel einen Bremsnocken im Inneren der Bremse verdreht und dadurch zwei Bremsbacken auseinanderdrückt und gegen die Innenseite der Trommel pressen. Durch Rückholfedern geht der Nocken wieder in seine Ausgangsposition zurück, wenn der Fahrer den Bremshebel wieder losläßt.

Mit der Trommelbremse verschwand zusehends die Riemenbremse, zumal auch ab Mitte der zwanziger Jahre der bis dato obligatorische Riemen als Antrieb für das Hinterrad durch die Hinterradkette verdrängt wurde, und damit fiel die Riemenfelge weg. Damit hatte die Trommelbremse auch das Hinterrad erobert. Neben dem Einbau in das Hinterrad wurde die Trommelbremse auch immer öfter im Vorderrad montiert. Dies ist deshalb verwunderlich, weil in den zwanziger Jahre die Meinung vorherrschte, daß das Hinterrad den maßgeblichen Anteil an der Verzögerung beitrüge. Doch dem war und ist nicht so. Vielmehr gebührt der Vorderradbremse der Anteil von annähernd 70 Prozent an einer Bremsverzögerung. Mit der Trommelbremse hatte man nun ein Instrument gefunden, das sich auch für die vermehrt auftretenden Sportveranstaltungen gut eignete. Bei leistungsstärkeren Motorrädern waren gute Bremsen ein absolutes Muß.

Doch auch wenn die Motorräder immer schneller wurden, die Trommelbremse wuchs zwar im Durchmesser, was wiederum eine erhöhte Reibungsfläche mit sich brachte, doch eine große Entwicklung vollzog sich nun nicht mehr. Die Bremsentwicklung schien in den dreißiger Jahren still zu stehen. Auch der verstärkte Gebrauch in der militärischen Mobilmachung unter der nationalsozialistischen Regierung brachte für die Trommelbremsen keinen nennenswerten Impuls.

Im Sprachgebrauch jener Jahre wurden diese einfachen Trommelbremsen gerne auch abwertend als Dosendeckelbremsen bezeichnet. Dies kam davon, daß meist eine dünne Nabe zur Aufnahme der Speichen diente und daran eine Bremstrommel mit einem größeren Durchmesser angesetzt wurde.

Als sich nach dem Zweiten Weltkrieg die Zweiradfirmen wieder langsam mit dem Gedanken einer Fahrzeugproduktion befaßten, brachte man zunächst die letzten Zweiräder der Vorkriegszeit auf den Markt. Doch schon bald wurden wieder Pläne für neue Konstruktionen gezeichnet. Es dauerte schließlich noch bis Ende der vierziger Jahre, bis die Hersteller weiterentwickelte Motorräder anbieten konnten. An erster Stelle standen jedoch meist leistungsstärkere Motoren und nicht verbesserte Bremsen in den Auftragsbücher der Ingenieure.

Die Ablösung der bisher verwendeten Trapezgabel durch die Teleskopgabel stand im Mittelpunkt der Wende von den vierziger Jahren in das neue Jahrzehnt, das man im nachhinein gerne als Wirtschaftswunderzeit bezeichnet. In dieser von Aufbruchstimmung geprägten Zeit erkannte vor allem der Tüftler Carl Jurisch die große Nachfrage nach Zulieferteilen für die gesamte große deutsche Motorradindustrie. Bekannt wurde Jurisch vor allem durch seine Geradeweghinterradfederungen, die er als Bausatz den renommierten Herstellern in enorm großen Stückzahlen verkaufte. Im Stil dieser Zubehörteile begann er ab 1951 auch komplette Bremstrommeln zu liefern.

Wie schon in den dreißiger Jahren, so beherrschte auch in den fünfziger Jahren die Trommelbremse das Bild der Motorräder. Neu hinzu kamen in dieser Ära nun auch noch Roller, Kleinkrafträder und Mopeds, deren Räder ebenfalls mittels Trommelbremsen verzögert wurden. Die sogenannte Dosendeckelbremse wich nun allerdings einer solideren Konstruktion, nämlich der Vollnabenbremse, die auch als Zentralbremse bezeichnet wurde. Der Nabenkörper hatte nun auf der ganzen Länge den gleichen Durchmesser und auch die Speichenaufnahme integriert.

Auch wenn die Bremsen immer besser wurden – die Motorräder verkauften sich zusehends schlechter. Während die deutsche Motorradindustrie ab Mitte der fünfziger Jahre mit massiven Absatzproblemen zu kämpfen hatte und sich bis auf wenige Ausnahmen nicht mehr davon erholte, ging das Geschäft mit den kleinmotorisierten Mopeds und Kleinkrafträdern immer besser. Doch auch davon profitierte die Entwicklung der Trommelbremse in keinster Weise, denn die bisherigen Bremsen waren ja sogar für höhere Leistungen ausreichend. So wurden die Bremsendurchmesser kleiner und die Bremskraft der Motorleistung angepaßt.

Anders als in Deutschland hingegen verlief die Entwicklung in Italien. Dort hatte sich die Motorradindustrie erhalten und eine eigene Bremsenindustrie bot Trommelbremsen an. Dieser Industriezweig erlebte seine Blütezeit vor allem in den sechziger Jahren, als italienische Motorräder auf den Rennstrecken zu den großen Gewinnern gehörten. Den hohen Motorleistungen der Moto-Guzzi-, Aermacchi-, Moto-Morini-, Benelli- oder auch MV Agusta-Motorrädern waren die serienmäßigen Trommelbremsen keineswegs gewachsen. Die Firmen Oldani und Grimeca boten Bremsen an, die im Durchmesser immer größer wurden.

Die Evolution der Trommeln in den sechziger Jahren verlief so, daß die Bremsenhersteller anstatt den Werken den Rennfahrern ihre Bremsen anboten. Grand-Prix-Stars der damaligen Zeit wie Provini, Findley oder Duff gehörten zu den Fahrern, die bereits 1964 mit sehr leichten Bremsen aus Magnesiumlegierung von Fontana um die Rennstrecken fuhren. Die Trommelbremse wurde als Doppel-Duplex-Ausführung eingebaut, d. h. jede Nabenseite enthielt eine Einbackenbremse mit zwei Nocken, hatte also insgesamt vier Bremsbacken. Die Hersteller Fontana und Grimeca boten solche Rennbremsen sogar zum nachträglichen Einbau in Straßenmaschinen über 250 cm^3 an – in Deutschland wurden die Grimeca-Bremse 1964 für DM 290.- verkauft, 1967 die Fontana-Trommel aus Elektronguß gar für DM 650,-. Die größte Bremstrommel kam 1969 von Fontana mit einem Durchmesser von 25 cm auf den Markt. 8 kg wog sie und kostete mit Leichtmetallfelge DM 700,-. Diese Größe markierte den äußeren Wert, im Inneren hatten die italienischen Konstrukteure im Laufe der Jahre ein raffiniertes System mit sehr breiten Belägen verwirklicht. Kühlrippen am äußeren Umfang der Bremse waren ein Muß, um die hohen Temperaturen beim Bremsen einigermaßen in den Griff zu bekommen. Zusätzliche Lufteinlässe und Luftaustrittsöffnungen waren trotzdem notwendig. Die extreme Hitze im Inneren kam durch das System der Doppel-Duplex-Backen zustande.

Weniger extreme Verzögerer waren als Simplex-, bzw. Duplexbremse konstruiert. Bei der Simplexbremse war eine ablaufende- und eine auflaufende Bremsbacke vorhanden, beide wurden durch einen einzigen Nocken gespreizt. Bei der Duplexbremse hingegen kamen zwei auflaufende Bremsnocken zum Tragen. Jede Backe wurde über einen Nocken betätigt. Vorteil gegenüber den Simplexausführungen war eine stärkere Bremswirkung. Die Doppel-Duplex-Bremsen verzögerten dagegen am stärksten.

Bremsen der italienischen Hersteller gehörten in den sechziger Jahren zum besten was der Markt bieten konnte. Das wußten auch die japanischen Anbieter, die gerade zum Siegeszug auf dem europäischen Markt ansetzten. Für die Yamaha Rennmaschine TD bauten die japanischen Ingenieure sogar italienische Bremsen von Fontana haargenau nach! Das Problem der Trommelbremse wurde in jener Zeit allerdings auch immer deutlicher: Dem Wachstum der Breite und des Durchmessers waren Grenzen gesetzt! Dem Streben nach Leichtigkeit im Rennmotorradbau trugen zwar auch die Bremsenhersteller Rechnung, doch eine Erhöhung der Verzögerung trat damit nicht ein. Die mechanische maximale Verzögerung war Ende der sechziger Jahre erreicht! Doch zu jener Zeit stand schon die Ablösung der Trommelbremsengeneration in den Startlöchern – die Scheibenbremse.

Vereinzelt und vielbestaunt traten schon 1966 einige Rennmotorräder mit Scheibenbremsen an, so die Benelli von Tarquini Provini oder ein Jahr später Derek Woodmann auf der MZ sowie Mike Hailwood mit der 350er Honda. Doch die Zeit war noch nicht reif. Hauptkritikpunkt war das miserable Bremsverhalten bei Nässe – bei Trockenheit waren die Scheiben jedoch den Trommeln schon überlegen. Sobald die Ingenieure auch dieses Problem einigermaßen in den Griff bekamen, eroberten die Scheibenbremsen immer mehr den Rennsport.

Allerdings fand die neue Bremsentechnologie nicht immer Zustimmung. So vertrat man z. B. beim Renommierrennstall MV Agusta bis 1972 die Meinung, daß Trommeln wesentlich witterungsunabhängiger und zuverlässiger seien. Allerdings wurde man auch hier eines besseren belehrt, denn ab 1973 kamen Scheibenbremsen im Rennbetrieb zum Einbau. Dagegen gehörte MV Agusta bei den Serienmodellen mit zu den Pionieren der Scheibenbremsengeneration. 1969 wurde die MV Agusta 600 mit Doppelscheiben im Vorderrad serienmäßig ausgerüstet. Der andere Pionier war Honda mit der CB 750. Allerdings trat auch hier Skepsis in den Vordergrund, denn Ernst „Klacks" Leverkus fragte 1969 ernsthaft: „Aus welchen Gründen erscheinen uns eigentlich fürs Motorrad Scheibenbremsen so erstrebenswert?"

Immer bessere Bremswerte sprachen mehr und mehr für die neuen Bremsen. Treibende Kraft auf dem Sektor war die englische Firma Lockheed. Die aus Stahl gefertigten Bremsscheiben waren in ihrer Anfangszeit noch ohne Bohrungen. Doch erkannten die Konstrukteure schon bald, daß man eine gute Wärmeabfuhr durch Bohrungen erhielt und gleichzeitig konnte auch etwaiges Wasser besser verdrängt werden. Wasser auf den Bremsscheiben war das Hauptargument der Scheibenbremsengegner, denn durch den Wasserfilm sprach die Bremsscheibe erst mit geringer Verzögerung an, was natürlich bei den Trommelbremsen nicht der Fall war. Die Trommel wurde hingegen oftmals vor allem aus Kostengründen eingebaut, denn die hydraulische Ausführung der Scheiben war doch noch um einiges teurer als die mechanisch betätigten Trommeln.

Mit Scheibenbremsen konnte man allerdings auch einen Meilenstein setzten und vor allem die Jugend anlocken. Auf diesen geschickten Schachzug setzte z. B. die Firma Hercules, als man Ende des Jahres 1976 das Kleinkraftrad Ultra mit doppelter Scheibenbremse im Vorderrad ausstattete. Dies kam zwar bei den 16jährigen Kaufinteressenten sehr gut an, war technisch aber überhaupt nicht nötig. Genauso unnötig wie seinerzeit die Firma Göricke auf der IFMA 1962 ein 40 km/h schnelles Moped ausstellte, das eine Scheibe der allerersten Generation im Vorderrad eingebaut hatte!

Der einziger Bereich, der sich noch lange gegen die Scheibenbremse widersetzte, war der Geländesport. Sogar im professionellen Sport dauerte es noch bis in die neunziger Jahre, ehe die Bremstrommel abgelöst wurde. In diesem Metier überwog stets das Argument, daß die Scheibenbremse durch Steinschlag, Matsch und Dreck zu schnell kaputt gehen würde. Die Trommelbremse war gegen solche Einflüsse resistent. Dieses Argument konnte den Einzug der Scheibenbremse nur verzögern, aber nicht aufhalten. Mittlerweile hat sich auch im Gelände- und Moto-Cross-Sport die Erkenntnis durchgesetzt, daß die enorm gute Verzögerung sämtliche anderen Argumente überwiegt. Damit hat die Scheibenbremse die Trommelbremse – bis auf das Mofa – nahezu komplett abgelöst. Genauso wie bei den Trommelbremsen Ende der sechziger Jahre, so hat auch die Scheibenbremse mittlerweile eine Größe erreicht, die an das mechanisch vertretbare gelangt ist. Bei den verwendeten Materialien hat sich bislang lediglich im Sport das teure Carbon vereinzelt etabliert, ansonsten sind Scheiben aus kostengünstiger Stahllegierung verbreitet.

Mit Beginn der achtziger Jahre haben sich die Konstrukteure auch den Kopf über das Eintauchverhalten der Teleskopgabeln beim Bremsen gemacht. Als Ergebnisse sind verschiedene Ausführungen eines sogenannten Anti-dive-Systems auf den Markt gebracht worden, die aber schnell wieder wegen Wirkungslosigkeit verschwanden. Hintergrund war, daß beim Bremsen eine mechanische (Kawasaki) oder hydraulische (Suzuki) Einrichtung auf die gleichzeitig einfedernde Vorderradgabel wirkte und das Einfedern verhindern sollte. Viel sinnvoller hingegen hat sich das ABS für Motorräder erwiesen, das in den letzten Jahren vor allem von BMW propagiert wird. Bereits Ende der siebziger Jahre ist die englische Firma TRRL mit einem mechanischen Antiblockiersystem an die Presse getreten, doch der extrem hohe Preis von nahezu DM 1000,- pro Rad lies eine Serienverwirklichung scheitern. BMW hat mit dem 1998 eingeführten ABS nun den richtigen Weg gefunden.

Als Fazit dieses kleinen Streifzugs durch die Bremsgeschichte kann gesagt werden, daß das System der hydraulisch verzögerten Scheibenbremse momentan auf einem sehr hohen Level angekommen ist, und es sieht wieder einmal so aus, als wenn dies für die nächsten Jahre nicht mehr perfektioniert werden könnte – doch das dachte man wohl auch bei der Einführung der Trommelbremse und der Scheibenbremse! Sollte vielleicht auch im Motorrad die keramische (Porsche), die wassergekühlte (Lkw-Sektor) oder gar die gebläsegekühlte (Flugzeug Concorde) Scheibe Einzug halten? Vielleicht hat aber ja auch schon ein findiger Tüftler gar die Ablösung der Bremsscheibe gefunden. Als 1908 zum ersten Mal eine mechanische Bremsscheibe in ein Motorrad eingebaut wurde, hat diesen Erfinder auch kein Mensch ernst genommen, seine Arbeit geriet in Vergessenheit und erst heutzutage weiß man, wie weit der Mann damals schon dachte.

SPARTA